U0185510

LES HOMMES ET LA MER

藏在水里的世界史

[法] 西里尔·P. 库坦塞 著　孙佳雯 译
Cyrille P. Coutansais

上海科学技术文献出版社
Shanghai Scientific and Technological Literature Press

目 录

海洋人民的时代

在陆地与海洋之间

陆地人民的时代

※ 一只岩石上的鹰嘴鱼。法属波利尼西亚，摩尔雷亚（Moorea）。

果麦文化 出品

前　言

“吾所爱者，唯自由、音乐与海洋耳。”——儒勒·凡尔纳

人类是从海洋中诞生的，虽然我们已经忘记了相关的记忆。当我们追溯人类的进化起源时，总以为路的尽头只是“猴子”，就好像我们所有的记忆都被局限在了陆地上一样。然而，人类真正的起源要古老得多，我们本质上是“海洋生物”，在水中度过的时间要比在陆地上长得多。我们的地球，早在很久以前是一颗蓝色的星球，纯粹的蓝色。大约40亿年之前，地球所有的表面都被水覆盖。然后，板块构造运动形成了大陆，土地露出了水面，大约30亿年前，最初的生命出现了。它起源于海洋，从单细胞生物的形式开始进化，利用海洋的潮汐来适应陆地的生活，然后，大约4亿年前，它们开始四处传播，不断增长，变得越来越复杂，一直到猴子的出现……最后是人类的出现。

这不单是人类的历史，也是人类文明的历史。可惜对于陆地人来说，只有来自城市的声音才是可靠的。即使我们已经承认，美洲在被哥伦布“发现”之前，可能就被维京人“造访”过了，但在我们的印象中，美洲最初的居民是经过白令海峡来到此地的迷思依然根深蒂固。然而，今天的我们知道，在冰河期，连接亚洲和美洲的那片区域不适合任何植物生长，因此也不适合任何动物生存，包括人类。我们也知道，土豆这种作物的基因组应该是起源于美洲的，但早在1000年以前，它就在

波利尼西亚群岛上出现了。还有，众所周知，南美鸡类的 DNA 具有独属于西波利尼西亚物种的突变。但是，我们还是本能地拒绝承认，人是从海洋中走出来的。

为什么呢？因为对“人类起源于陆地”的想象限制了关于“人类起源于海洋”的想象，人类的历史在这种思维定式下被书写，人们总是觉得，只有踏上新的“陆地”，才算是一种“移民”。对于“陆地人”来说，“海洋人”的存在缺少证据。毕竟，造船的木材只是有机物质，一旦它被降解，回到最原始的状态，所有它曾经存在过的痕迹也都被擦除了。一般情况下，从人类冒险的遗迹来看，海洋并不算太“好客”：当船只沉没很久很久之后，我们只能发现那些不会分解的物质，比如青铜、瓷器。长期以来，在这些遗迹之上，我们虚构了一种被曲解的现实形象，比如，虽然今天的我们已经知道，中国与西方贸易的主要货物与大米有关，但在我们的印象中，总觉得这些贸易只是为了贩卖上层社会的奢侈品。

痕迹以及考古学证据的缺失，在这种人类记忆的失落中起到了决定性的作用，同时，也意味着一种“无法去中心化”的后果，无法从海洋的角度、通过海洋人民的视角去理解历史。让我们引用一位历史学家对海洋这一片巨大的蔚蓝空间的描述，他对海洋的理解是如此深刻，以至于他能够概括出海洋与我们人类世界之间的关系。他说：“在那里（海洋），我们必须通过想象，以过去的人们的眼光去看待它，就像一道向地平线延伸的屏障。这是一种令人不安的巨大存在，它无所不在、绝妙、神秘。海洋，它本身就是一个宇宙，是一颗星球。[1]”可是，即使伟大如布罗代尔，也误会了海洋，看法不免片面。对于海洋人民来说，海洋并不是一道屏障，它是一条通道。

---

1 费尔南·布罗代尔（Fernand Braudel），《地中海与菲利普二世时代的地中海世界》，弗拉马里翁出版社，1949。

公平点看，如果说我们没有一种“海洋人”的视野，那也不仅仅因为我们是“陆地人”，还因为航海者们总是喜欢保持沉默。那些除非亲身经历否则无法明白的事情，要怎么讲？更何况这其中还有利益纠葛：谁会想告诉别人自己的捕鱼区或发财之路呢？有时，航海者们会编造一些海上故事——为了让旅途显得不那么无聊——将海洋描述成一个恐怖的地方，那里有水怪、塞壬和幽灵船，这些不过是为了让那些幼稚的“陆地人”对海洋敬而远之罢了，在大多数情况下，航海者们很沉默。

然而，这些人和这些民族的历史却开始自我重组，印象派变成了现实主义。档案——尤其是外国的档案——逐渐开放，水下考古学也发展了起来，最重要的是，人们的视角正在发生改变。慢慢地，我们正在实现“去中心化”：比如，欧洲大陆的居民们意识到了他们用受到基督教影响的眼光塑造了一种令人不安的水域形象，那里住着海妖、妩媚迷人的塞壬和利维坦；而在其他文明中，海洋是伊甸园，是水下天堂，是“香榭丽舍大街”。因为，如果说陆地文明的神灵存在于天空之中的话，那么海洋或者河流文明的神明则存在于海洋或者水流的深处。而且，在很多古代文明的神灵想象中（如北欧、凯尔特、大洋洲和亚洲），我们都能找到故事的开头是这么写的：“最初，有一片海洋……”海洋是生命的起源，它滋润了生命。海洋被所有的海洋生物尊敬，并且化身为巨大的神灵和具有各种神奇力量的超自然存在。然而，在陆地人民的想象中，海洋是令人不安的、危险的，那里居住着怪物或邪恶的生物。

这本书将邀请读者们欣赏一部另类的人类史诗，展现了那些胸怀大海、放眼世界的古代人类文明盛况。这些人，没有地图，没有手机应用程序，也没有卫星定位系统，却依然踏上了冒险的征程。他们并不是不知道危险——他们不是没有判断

※ P2—3：在 21 世纪初期，地球表面约 71% 的面积被海洋覆盖。

力的傻瓜——而是试着与它们共存。他们知道，大海是危险的——在 19 世纪中叶，我们依然有着很高的船只失事率——但是，他们对大海有着一种难以言说的渴望，在某种程度上是对自由的追求，而且往往也是对力量的追求。因为，这些海洋文明长期以来一直统治着其他的陆地文明。他们从海洋中获得了技术、知识和财富，这些财富让他们长久以来能够对陆地文明称霸，这就是制海权的时代。然后，颠覆乾坤的时代到来了，权力与决定之间永恒的平衡不再属于海洋。国家出现了，开始成为命令者，逐渐统治了海洋，而金融家们也在这个过程中横插一脚。那些“海上居民”逐渐成为“承包商”，参与的范围越来越大、种类越来越多，有时甚至不受控制地进行海洋开发。

今天，人们开始对一个长久以来完好无损的圣地颇感兴趣——海渊。需求就是法则，人口增长和想要获得更美好的生活方式的意愿，推动我们走得越来越远，探索得越来越深，去寻找那些在陆地上已经开始变得稀少的资源。海洋中的矿物资源就像那里的生物一样吸引人。那些黑暗的深处充满了生命，对于我们而言，基本上仍是未知的生命。按照“国际海洋生物普查计划[1]”的估计，有 100 万种陆地物种被描述和记录下来，而海洋物种只有 25 万种，仍有 70% 至 80% 的海洋物种尚未被发现。

在这种未知中，还隐藏着另一种未知，而且更至关重要——生命的起源。1977 年，微型潜艇“阿尔文号”发现了一种非典型的生命形式，这种生命形式与一种自从地球有史以来就存在的海底热液相接触，并且蓬勃发展，这一发现是颠覆性的。这些探索的方法也许有一天会让某些生物化学家发现 30 亿年前在地球的海底出现的、最初的生命形式的踪迹，从而理解和窥见生命的起源，正如我们之前从地底化

1　盘点海洋生物的国际研究项目。

石领悟到的那样。当然了，我们必须得知道如何保存这些痕迹。

这就是我们希望整合关于海洋与陆地的记忆所具有的全部意义和重要性。我们陆地人民的心灵已经做好了心理准备。飞机和太空探险，让我们从天空中看到了我们的地球，加快了我们的认知。我们的星球——地球是蓝色的、有限的，我们目前没有第二颗星球可以去。人类当然必须搜索和开拓海洋——我们必须生活（甚至可以说生存）——但人类必须也是海洋的保护者。将我们的两个世界——海洋与陆地——相连接，这不再是一种选择，而是一种必须。

※ P6—7：丰富的水下生物的多样性在很大程度上仍不为我们所知。

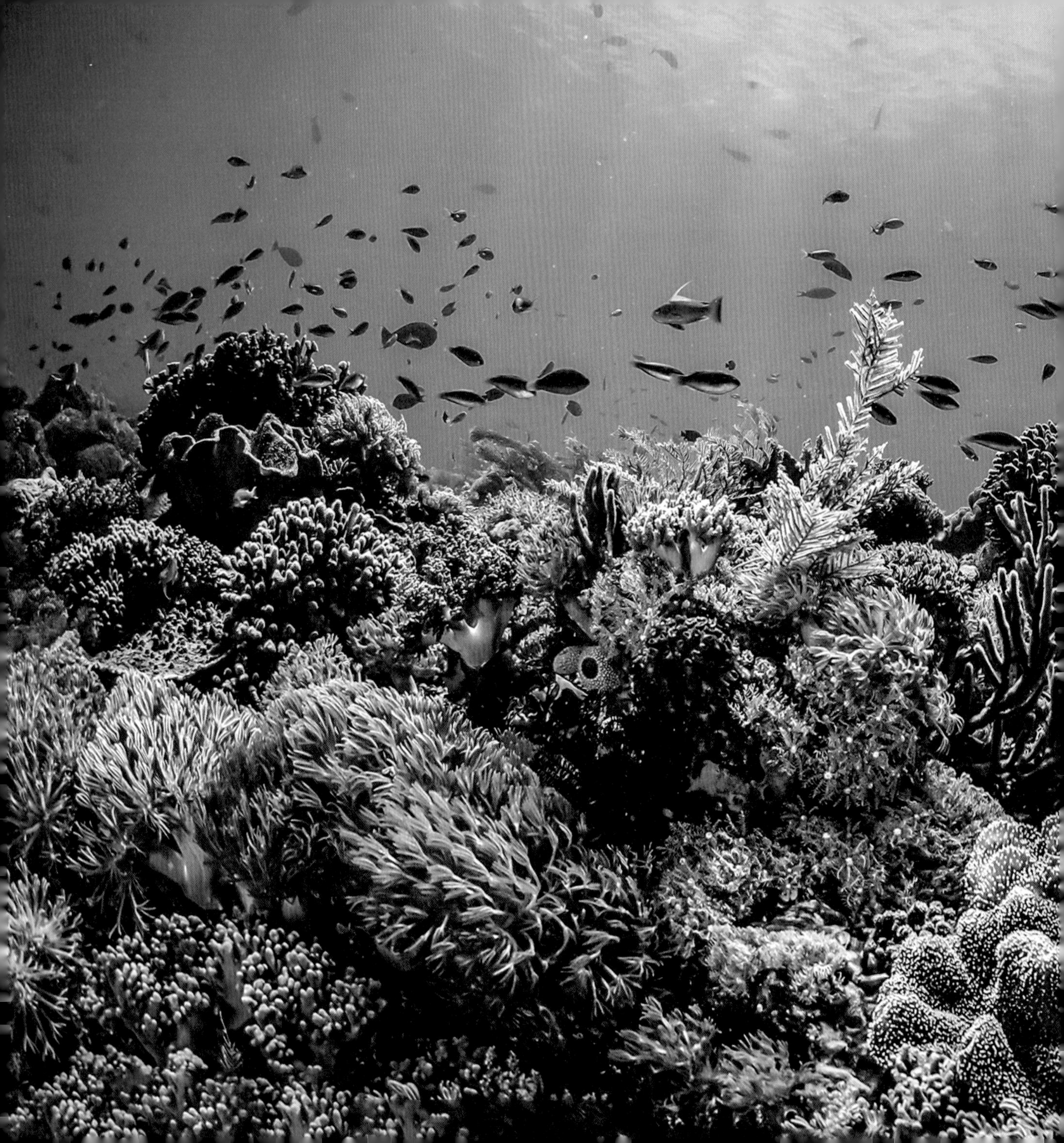

海洋人民的时代

※ “塔拉号”大洋考察期间在地中海收集到的十足纲甲壳类幼虫。

海洋是人类的财富

从史前时代起，人类就拥有了自己的形象，他们披着兽皮，握着燧石，生活在山洞中。拉斯科洞窟、肖维岩洞和其他地点的史前壁画都向我们展示了一个狩猎者和采集者们生活的世界——其中并没有水手的存在。然而，技术和科学的进步让我们发现了一种与我们的认知大相径庭的现实，那是另一种史前史。在这段另类的史前史中，渔民的存在不再那么奇怪，甚至连远航的水手们都显得那么自然，海洋也是我们人类的财产。

—— 捕鱼者与海洋采集者 ——

我们都知道，狩猎者和采集者们会设置陷阱捕捉动物，而且还会采集各种浆果为食。实际上，这种在陆地上相当常见的生存模式，在海洋沿岸也普遍存在。人类一直在开发水生资源：在非洲，能人以在旱季被困在池塘中的鲇鱼为食；在欧洲，尼安德特人已经掌握了在产卵期捕捉鲑鱼的技巧。捕鱼者对自己的技艺充满信心，于是他们前往更湍急的水域寻找食物，是的，大海带来的丰富物产一定不会让他们失望。退潮时被留在沙滩上的鱼往往让海洋采集者们十分兴奋，更不用说那些搁浅在岸上的大型海洋哺乳动物了。

在我们的直系祖先智人身上，也能找到一些证明他们与海洋有所接触的生活痕迹。比如，位于南非的尖峰点（Pinnacle Point）史前文明遗址就包含了已知最古老的史前人类以海为生、自给自足的证据。我们在那里发现了海洋哺乳动物的遗骸，包括海豹、海狮、鲸类，还有鱼类和贝壳类，比如贻贝、海螺，而且，这种生存模式并非只在此处存在，在非洲，它似乎随着气候变暖的速度一起成倍增长——气候变暖的证据就是沙漠和疏林草原的大规模扩张。于是，因为气候变暖，原始人类不得不回到海边，在海上寻求生存的资源，考古学揭示，从公元前10万年起，越来越多的智人的沿海居住点开始出现，当然今天这些遗迹都被海水淹没了。

确实，与那些智人生活的时期相比，今天的海平面升高了大概100米。因此，如今的海洋淹没了当时的大陆架，也淹掉了当时适合人类居住的、广阔的肥沃平原。在这样的条件下，我们其实很难重建那个遥远时代的人们的生活以及他们与海洋的关系。我们如今发现的最古老的考古遗址中，85%都存在于水下。为了深刻地理解那个时期（虽然只是部分的理解），我们必须想象遥远未来的后裔们，在没有我们如今

※ “马德拉格·德·吉恩斯号”（Madrague de Giens）沉船的水下景观，法国瓦尔省，公元前1世纪。

的港口、海滨度假胜地、所有这些生机蓬勃的人类沿海活动的情况下，努力维持我们现有的生活方式的场景。今天，全球一半以上的人口居住在距离海岸不到 100 千米的地方，而到了 2035 年，这个比例应该会升高到 75% 左右……

位于以色列朝圣者城堡（Castle Pilgrim）附近的亚特利特–雅姆（Atlit Yam）古村落为我们提供了一个样本，我们由此知晓，要了解那些隐藏在遥远历史中的古老的人类活动遗迹，我们还有多远的路要走。亚特利特–雅姆遗迹位于海平面以下 8 至 12 米的深度，距离海岸线大约 200 至 400 米远，它向我们展示了石器时代在这里生活的史前人类如何从以农业为生转向靠海过活。整个古村落占地约 4 万平方米，其中包含了 30 个左右靠海为生的家庭，考古学者们发现了 6000 多具鱼类的残骸，这甚至可以说明当时的人们已经开始使用渔船和渔网。随着时间的推移，这个古代社区经历了从农耕生活到渔猎生活的多次循环，也就是播种、捕捉鱼类资源和收获作物，如此往复；后来这里因为饮用水井被海水渗透而遭废弃。不过，对这种史前遗迹的发现是很随机的，而且勘探和发掘都困难重重。从这个角度来看，对脱氧核糖核酸（DNA）的研究给考古学带来了一场真正的革命，结果无疑令人印象深刻：多亏了 DNA 的研究，我们现在知道，人类可能自古以来就懂得航行大海。

—— 航海 ——

因为缺乏考古学的证据，也出于在我们脑海中根深蒂固的“常识”，我们总会以为，原始人的迁徙仅仅是依靠他们在大陆上的漫长步行。于是，我们用冰层的出现和水位的下降来解释人类为什么会在美洲和印度尼西亚群岛定居。我们总是认为，在远古时代，只存在一些“偶然”或“不得已而为之”的航行。比如，火山爆发或者战争让我们的祖先落入海中，这时恰好有一场风暴将海岸上的树木撕碎并吹到海上，我们的祖先爬上了这些树，从而开始在大海上漂泊。总之，我们总愿意相信，我们的祖先并不是自愿去“冒险”的。然而，到了2003年，我们发现了新的人属——佛罗勒斯人（也被称作“霍比特人”）。也是在这一年，我们发现曾经有一群直立人来到了佛罗勒斯岛上并发展出了文明——他们就是佛罗勒斯人的祖先。通过DNA研究，我们猜测这些直立人来自爪哇岛。然而，在古代的冰河期，即使巴厘岛、苏门答腊岛和爪哇岛确实与某个大陆相连，在巴厘岛和龙目岛之间依然存在着一股强大的洋流——华莱士线。在目力所及的范围内，佛罗勒斯岛当然就在眼前，但原始人却不能依靠随性的漂流漂到岛上去，他们必须使用能够容纳下男女老少的船只。

如果不是佛罗勒斯人的发现，引发了古人类学家对他们的既有知识提出质疑，特别是对地中海各岛屿和地区的人口居住情况重新思考，那么“古人类乘船远航”一事可能依然只是件逸闻。那么，如果古代人类可以穿越海洋抵达视线中的佛罗勒斯岛，那么他们为什么就不能在厄尔巴岛和撒丁岛之间穿梭呢？为什么他们不能从某些希腊岛屿出发，抵达克里特岛或塞浦路斯岛呢？因为有了这样的疑问，今天的人们开始寻找证据，最终，在克里特岛上的普拉基亚斯（Plakias）古村庄里，发现了被打磨过的石头，证明了距今约13万年前，曾经有智人或尼安德特人在这里生活。考古学家们再接再厉，重新审视假设前提，甚至大胆地将直布罗陀海峡视为一条通道，并在非洲的马格里布地区和西班牙的考古遗址之间建立起了联系。

总之，脚下的陆地再也不能困住祖先们想要冒险的心，但是此时，海上航行的目的地只是那些目力所及的岛屿或大陆。我们意识到，祖先们曾经沿着悠长的海岸线思索、揣测、踯躅，最终冒险进入了大海。但是，我们也认为，祖先们之所以进入海洋，是因为他们看到了某个确定的、能够估算具体距离的目标，而绝对不是为了去更远处探索未知。然而，遗传学的研究向我们清清楚楚地展示了，欧洲原住民、南岛民族、印度尼西亚人、印第安人和非洲人之间存在着亲属关系。一群又一群的智人，在公元前 10 万年左右纷纷离开了非洲大陆，他们穿越阿拉伯半岛，在印度徘徊一番，又前往印度尼西亚漫步，最终，在大约 5 万年前，他们踏上了将新几内亚、澳大利亚和塔斯马尼亚连接在一起的莎湖陆棚的土地。

只不过，想要抵达莎湖陆棚也不是那么容易的事，即使在历史上海平面最低的时期，也有一条宽度达到 100 千米的海面横亘在两个陆棚之间，那就是韦伯线。这个数字意味着，站在海岸线上，完全不可能看到另一边的陆棚。所以，这次携带着男女老幼跨越海洋的征程，只能是古代人类自愿为之。这意味着，这次出行是被计划好的，船上除了人还装载了水和食物。这次征程还需要的是一种不可能“速成”或者“即兴发挥”的航海艺术。没有人生来就是水手，我们在成长中成了水手，甚至我们可以一辈子都是水手。之后，抵达了澳洲的原住民的祖先们便从新几内亚出发，一路南下来到了塔斯马尼亚，不过他们并没有放弃通过海洋来扩张自己的领地：他们占据了位于俾斯麦群岛东部的岛屿——布卡，还有新几内亚以北 240 千米的马努斯岛。读者们请想想看，他们很有可能一路抵达美洲大陆。

当然，我们都知道，按照经典的假设，先民们是在冰河时代徒步从欧亚大陆经过白令海峡抵达美洲大陆的。但事实上，就算当时白令海峡真的冻上了，那片区域也并不适合人类居住，即使非常适应寒冷的西伯利亚虎（即东北虎），也对那个地方退避三舍。虽然 DNA 研究表明，人类从东亚迁移到北美大约发生在 3 万年前，但他们究竟是怎么从陆地上走过去的，却让我们感到疑惑。想象一下，智人决定迁徙到冰天雪地的北方，那里没有动物，也没有植物，然后，他们抵达了阿拉斯加，接着他们沿着漫长的拉多拉回廊前行，直到他们真的抵达了一个他们假想中的应许之地？让我们再想象另外一种可能，随着水位的下降，先民们从朝鲜半岛或堪察加半岛出发，沿着阿留申群岛的弧线航道一路航行至美洲，这种假设是否更现实、更合理呢？更何况，我们已经知道了，南美洲的先民们最初就是通过这种方式抵达的。

这一切都可以追溯至1974年。这一年，人们在非洲发现了露西[1]，在巴西发现了卢西亚[2]。在卢西亚身边，出土了75颗人类头骨，可追溯至3万年前。最新的研究和论文认为，这些头骨具有接近澳洲原住民或非洲人的形态。原始人从西非出发，经过亚速尔群岛，横渡大西洋抵达南美，这条“航线”还不到2000千米，似乎是“小菜一碟”，所以比起“从澳大利亚出发”的设想，这种可能性要大得多。在澳洲金伯利地区最古老的原始人壁画中，我们确实发现了一幅船的壁画，画中的船有着大大的船首，就像位于巴西马托格罗索州腹地的拉帕·韦梅尔哈（Lapa Vermelha）遗址[3]与巴西皮奥伊州的佩德拉·富拉达（Pedra Furada）遗址[4]一样。于是，我们发现了一段发迹于巽他群岛到莎湖陆棚之间的航海文明的蓬勃发展史。这一文明灭绝于公元前1.2万年至公元前6000年前，可能是连续三个时期的全球变暖和随后带来的海平面上升造成的。海平面上升之后，相当大面积的土地被淹没，海岸线后退了几十千米，有时甚至上百千米，数千个村庄被毁。先民们积累的所有知识都被海水吞噬了，只有一些幸存者活了下来，还有一些孤立的元素和零碎的记

1 露西是一具阿法南方古猿的骨架，由唐纳德·约翰森等人于1974年在埃塞俄比亚阿法尔谷底阿瓦什山谷的哈达尔发现。露西生活于约320万年以前，双足行走，被归类在人族。——译者注（如无特别说明，以下注均为译者注。）

2 卢西亚是在美洲大陆被发现的最古老的人类化石之一，女性，距今约1.15万年。

3 即出土了卢西亚的古人类遗址。

4 佩德拉·富拉达（葡萄牙语意为“穿孔的巨石”）的史前人类遗址，包括800多处人类居住地，其中许多可以追溯至上古石器时代，最早的壁画被认为创作于距今大约1.1万年前。

忆被保存了下来，而在此基础上，将孕育出有史以来最不可思议的海上冒险，即波利尼西亚人的海上征途。

※ P18：在西澳大利亚州金伯利地区发现的岩画。考古学家认为它的年代可以追溯到公元前 2 万年至公元前 1.5 万年。

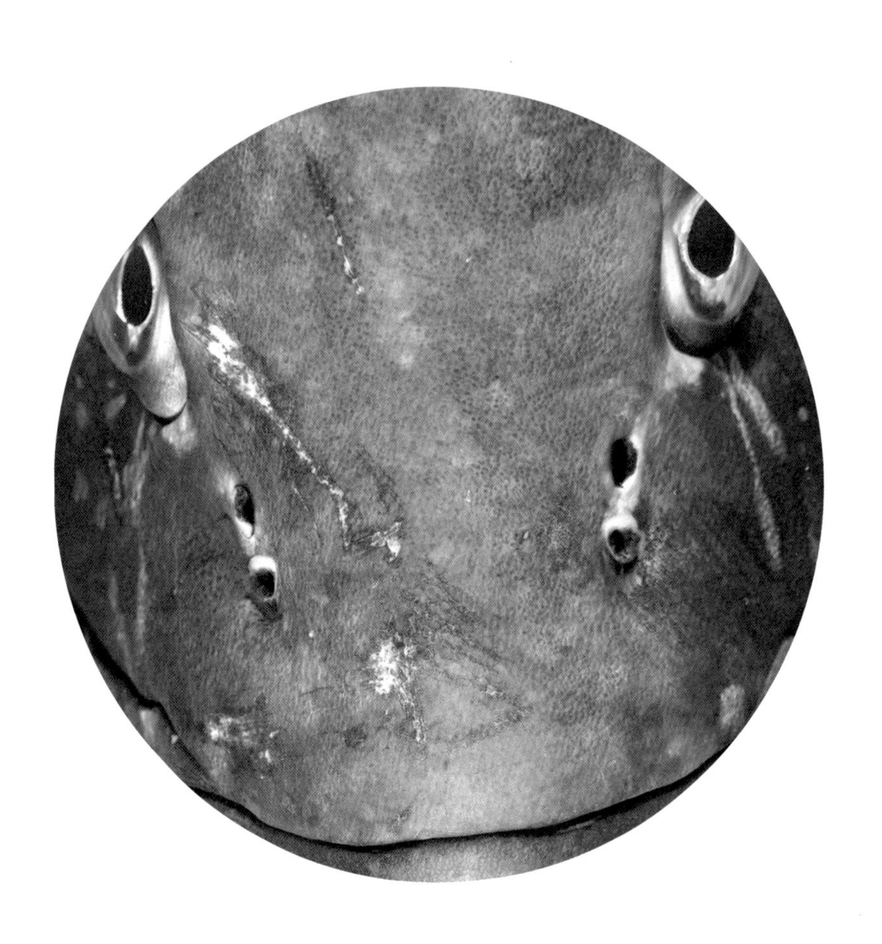

※ 褐石斑鱼，属于保护物种。西班牙，美第斯（Medes）。

海洋的呼唤

即使我们说海洋是人类的财富，那它也不是所有人都能享用的。在大西洋和印度洋，许多岛屿数千年来一直没有被人类踏足，保持了原始的风貌。不过，有些先民觉得，有必要把目光投向地平线以外的地方，看看海的那一边有些什么。这些先民中的先锋是波利尼西亚人和维京人，如果说在很长一段时间内，他们都是唯二踏足美洲的人，那么这绝对不是一个巧合……

—— 伊瓦，消失的大陆 ——

当欧洲人踏上太平洋上的岛屿时，他们发现这些岛上居然生活着原住民，这让他们很是吃惊。在太平洋这片广袤的蓝色水域中，零星分布的若干个小岛上居然都有人类的存在，他们最初是怎么来到这些岛上的呢？困惑之余，欧洲人提出了一系列理论和假说，其中一个假设得到了博物学家詹姆斯·福斯特（James Forster）的支持，他曾经参与了库克船长第二次探索太平洋（18 世纪）的过程，这个假设就是“姆大陆”的假设——也可以把姆大陆理解为传说中的亚特兰蒂斯——姆大陆曾经存在，后来沉入海中，露出水面的部分形成了若干个零星的小岛。然而，波利尼西亚人的故事版本却与“姆大陆假说”完全相反，在他们的古老传说中，提到了“土地从水中升起，然后土地上出现了人”。波利尼西亚人相信，曾经有一位英雄——毛伊（Maui）、鲁（Ru）或者塔恩（Tane）——用若干个“擎天巨柱”将天与地分开，这些柱子一头是一颗星星，另一头则是一座岛屿。波利尼西亚人的所有冒险都被记载在了这些神话中，波利尼西亚群岛和一张天体图将冒险与神话联系在一起。波利尼西亚人的“大陆”并不是陆地，而是伊瓦，也就是波利尼西亚大三角——由夏威夷、复活节岛和新西兰构成，这是一个通过水上航行构成的“海洋大陆”。当波利尼西亚人的航海旅行结束之后，伊瓦就消失了。

复兴开始

让我们回到莎胡陆棚文明，这时海平面已经上涨，淹没了成百上千的古村落，但依然有幸存者活了下来，还有一些零零散散的遗骸存在，我们发现，早在公元前 5000 年，人类的海洋活动又有了复兴的迹象。这一迹象首先出现在旧半岛的东部，

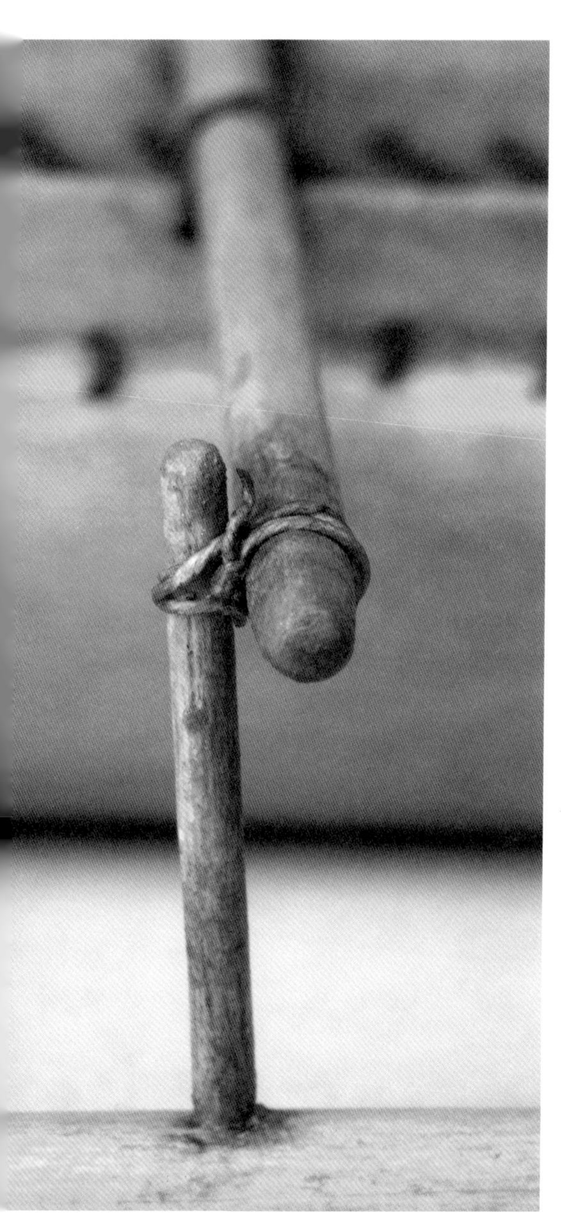

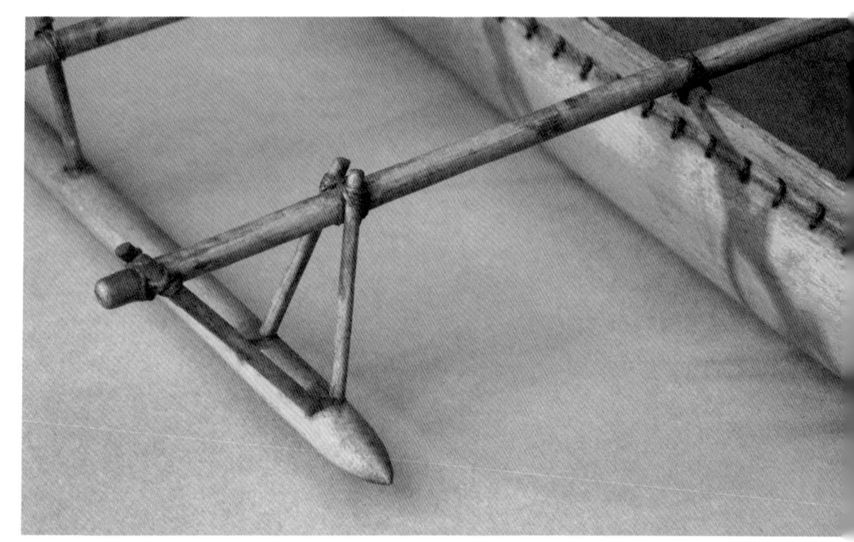

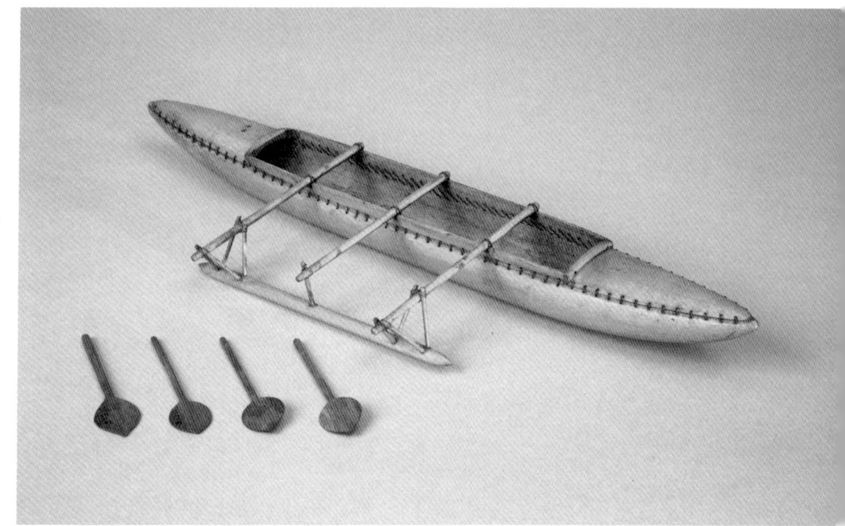

※ 波帕舟（Boopaa），一种汤加塔布地区的外伸独木舟模型，由弗雷德里克·鲍德（Frédéric Baude）在 1874 年制造。

从婆罗洲岛的东北部到爪哇，先民们先是迁徙到新几内亚，然后北上前往越南、中国、菲律宾，最后是密克罗尼西亚、关岛和帕劳。

在此期间，似乎一切都在发生着变化，先民们将芋头、香蕉等植物以及各种动物（如猪、鬣蜥等）带到了海上。他们之所以能够携带这么多东西，源自一次航海革命，也就是外伸独木舟与双体船的出现。大约在公元前4000年，先民们在用挖空的树干制成的古老独木舟上，添加了一个侧向的附加件，这的确让船体本身变得更加稳固，前行速度更快。总之，外伸独木舟成了当时探索海洋最好的一种工具，而双体船则是用木板将两艘独木舟连接起来构成的，这可以让船体吃水更浅，从而承载更多的货物，并且尝试更远的航程。

先民们在建造这些船只的时候，并没有使用任何金属工具。他们用石头打磨成的斧头和剪刀，以及锋利的珊瑚碎片来砍伐树木，挖空树干，并且砍掉树干上多余的枝杈；他们用椰子纤维捆绑船体，并涂抹上面包树的树胶，以确保船只的水密性；他们从面包树的树叶中提取纤维，织成了船帆。这些船没有固定的舵（没关系，用大桨来替代），没有加重的龙骨（没关系，通过变换船员们的位置可以起到龙骨的作用）。此外，这些船基本上是靠帆来指引航行的。

通过发展先进的捕鱼技术和更好的航海技术，先民们可以将船员人数控制在4到8个人，同时容纳50名左右的乘客，向更远的深海区域进发，逐渐探索广袤的海洋。在不到五个世纪的时间里，先民们就抵达了从俾斯麦群岛北部到萨摩亚之间的大部分岛屿，在所罗门群岛、瓦努阿图、新喀里多尼亚、斐济、瓦利斯和富图纳群岛上定居下来。得益于先民们随身携带的——通常来自东南亚和新几内亚——动物和植物，畜牧业和农业在这些小岛上蓬勃发展，先民们就这样带着动植物在海上航行，一代又一代地繁衍。

在这片面积近4500平方千米的海域上，一个先进的史前文明出现了，这就是拉皮塔文明。1952 年，人们在新喀里多尼亚的科内市附近的同名遗址上发现了拉皮塔陶器，拉皮塔文明因此得名。陶器上绘有丰富的几何图案作为装饰，代表着人脸、鸟类、各种动物，有些装饰看上去甚至像是早期的绘画。此外，当地还出土了许多借助黑曜石打磨的贝壳装饰品和工具，比如手镯、鱼钩等。黑曜石来自美拉尼西亚火山，在拉皮塔文明里备受追捧，长期以来都被先民们用来交易。开采黑曜石的地点主要在新不列颠岛的塔拉塞亚村，在其周围 2500 千米的范围内都能挖到。除了手工艺品生产和贸易之外，拉皮塔文明还掌握了人工岛屿的建设。例如，在所罗门群岛中的马莱塔岛的西南岸与北岸上，发现了由珊瑚岩板搭建成的堤坝遗迹，据推测，该堤坝可能原本是由藤本植物固定的。先民们通过铺设能承受海水和石灰岩土壤的树木来进行整体巩固。然后，他们在那里建了一座房子，朝向逐渐形成的海滩。随着时间的推移，这片人工湖被植物的残骸填满，最终形成了能够种植香蕉树和各种块茎植物——如山药、芋头——的可用耕地，先民们还在附近饲养猪和珍珠鸡。当然，曾经鼎盛一时的拉皮塔文明最终也将没落，因为它受到来自汤加和萨摩亚群岛的不速之客的觊觎，而这些不速之客还将继续他们的海上征程，直到以他们的名字命名了波利尼西亚大三角。

飞速发展

在包括汤加、萨摩亚群岛、瓦利斯和富图纳群岛在内的一个地区，先民们和此刻正在西方探索世界的那些人一样，生活在沿海的村庄里，养猪、养狗、养鸡……这些定居点离通往公海的通道不远，为先民们发展出越来越先进的捕鱼技术提供了可能：他们学会了使用渔网，在夜间带着火把捕鱼，当然还有设置各种捕鱼陷阱。这些极其特别的原始波利尼西亚人，先是向西开拓疆域，然后再次奔向大海，驶向未知的太平洋东部。

波利尼西亚的先民们在3世纪左右抵达了马克萨斯群岛和社会群岛，并以此为核心向四面八方进发：向北，他们在5世纪左右到达了夏威夷；向东，他们在9世纪左右抵达了复活节岛；向南，他们在11世纪左右去了新西兰——于是著名的波利尼西亚大三角就这样形成了。

当然了，这一部先民们的海上史诗，除了需要依靠外伸独木舟和双体船之外，还需要其他技术的发展。在太平洋的东部地区，先民们往往在海上航行数日甚至数周都看不到陆地的轮廓。这里岛屿稀少，面积小，且分布得很散。所以，这些小岛被先民们发现并不是偶然的运气，必须有能够辨别方位的方法才行。

今天的我们有了卫星定位系统，出行时再也不用为迷失方向而担心，可是对于18世纪的欧洲人来说，如何在海上分辨方位是个大难题。由于无法知晓经度，并且缺乏可靠的地标，欧洲人发现自己在巨大的太平洋上漂来漂去，却只能无休止地重新发现相同的岛屿。所以，当他们“瞥见”波利尼西亚先民们居然具有辨别方位的能力时，那种震惊可想而知。之所以说是“瞥见”，因为他们对这个问题的理解非常肤浅，也就是说，他们认为，原始人无法掌握优于文明人的知识。库克船长曾经雇了一位波利尼西亚领航员，因此他为波利尼西亚人分辨夜空中的星辰的能力而感到震惊。库克船长说：“他们（波利尼西亚人）知道在每个月中，在地平线上可见的星空中，每一颗星星应该在的位置；而且，他们对一年中星辰开始出现或消失在夜空中的具体时间的精准掌握，可能超出了任何一位欧洲天文学家的想象。”

然而，这些知识对于波利尼西亚人来说是最基本的，天空就是他们的地图。一位波利尼西亚航海家会知道，哪座岛屿垂直对应着天空中的哪一颗星，于是，在没有卫星定位系统的时代，他会综合天气状况、偏航、洋流等各种因素，然后沿着一个方向前行三个日夜，再沿着另一个方向前行五个日夜，最终抵达一座小岛。即使这艘船已经在公海上航行了五六个星期，波利尼西亚领航员也能准确地预测出，当金星出现在右舷弓的前方时，他们要找的岛屿将出现在地平线上。此外，即使地平线被遮挡，波利尼西亚领航员只需通过观察天空中任何一处的其他可见恒星，然后通过判断恒星所在的方向与船只行驶方向之间的夹角，就能沿着正确的方向继续前进。最有经验的领航员可以运用天空中超过150颗恒星的位置来判断航向，他们完全记住了这些恒星在天空中的相对位置，以及它们一年里在天空中的运动轨迹。

不过，对于波利尼西亚人来说，这条“恒星之路”并不是他们唯一的定位方式。风、水流、海浪、海水的颜色、鸟儿的飞翔都是关键的信息要素，这些信息会在水手的脑海中被综合整理，为他指引方向。让我们再次引用库克船长的话，“他们在预测将要到来的天气，至少是预测风会从哪边吹来这一方面，有着惊人的智慧”；以及“他们使用的一些特殊方法，让他们出错的可能性比我们小得多”。到了白天，领航员们却并不依靠太阳的位置，而是依靠浪的方向（日出时从东方而来）、风的方向（通过船上的用羽毛制作的风信旗来感知风向的变化）或洋流的强度（通过浪头的特殊形状来了解）来判断前行的方向。此外，动物的活动也为领航员提供了同样宝贵的信息：螃蟹在岸上的行为往往预示着暴风雨将至；当红脚鲣鸟出现在视野中时，意味着陆地就在不远处了，因为这种鸟基本不会在距离鸟巢8万千米的范围之外活动。白玄鸥也能为水手们指引方向，因为它们往往清晨从巢穴出发，飞行约193千米，当太阳升到一天中的最高处时，它们就不再继续觅食，而是往家的方向飞，为了保证在日落之前回去。一个有经验的领航员往往能记住不少只属于自己的“地标”，在一年中的某个时间，他可以在某个深度找到某个物种的鱼类或海洋哺乳动物的聚集地。

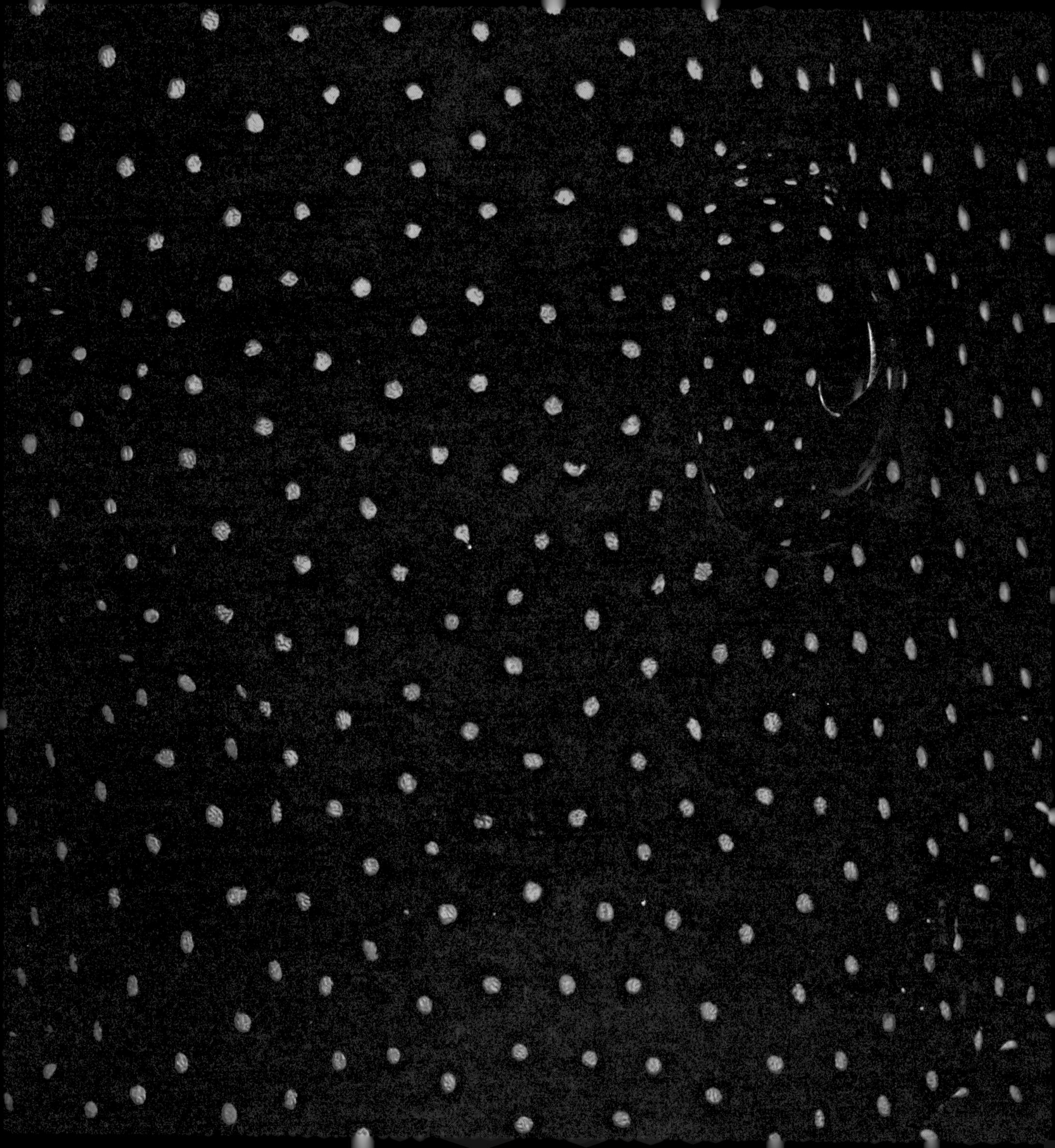

波利尼西亚人还将这些信息元素编成了小调，便于牢牢记住。这些有节奏的歌曲有助于水手们记忆海路的路线，记住他们的“恒星之路”和其他成千上万种对于辨别方向至关重要的参考信息。为了准备一次出海，波利尼西亚人还会制造“棒状海图”，弯曲的木棒表示这里有较大的海浪，木棒的连接处表示岛屿的存在，而水平线的长度则表示距离。大海上的水手们，根据风向、季节和星象，结合手中的“棒状海图”来判断航行的状况，尤其是他们将遇到的海浪的高度。

但是，这种航海艺术如果不是以整个民族的共同冒险为前提，那它也不会存在了。我们要在这本书里讨论的，也不是几位孤独的航海者的个人追求，而是一个集体追求的共同目标，这意味着要走得更远、再更远，为了去东方，为了在那里的土地上定居和殖民。今天有一些人认为，这种集体冒险是一种必然，与当时频发的自然灾害（飓风、地震等）息息相关，又或是与先民们刀耕火种的耕作方式导致森林被大量砍伐和土壤越来越贫瘠有关。在某种程度上来说，这种推测是有道理的。不过，为什么不能是由于先民们察觉到了一种来自公海的、永恒的呼唤呢？毕竟，当时其他的土地或文明也曾经遭受了同样的苦难，但他们并没有把视线转移到海上，而波利尼西亚民族的海上游牧生活的迷人之处正在于其结构与组织。

每当波利尼西亚人觉得，他们需要去探索（或再次前往）新的土地时，酋长们会任命一些航海家先出发，让他们按照天文学确定的方向去探索。这些“侦察员们”乘坐着他们的外伸独木舟出发，每艘船上只乘坐 2 到 3 名经验丰富的水手，以及足够供应几个星期的食物和水。一旦新的土地被找到了，水手们就像纽芬兰的捕鳕者们那样在当地定居下来：他们将在那里定居几个月的时间，这是一种尽可能准确地

※ P28：斑点九棘鲈特写，像繁星点点的天空。法卡拉瓦环礁，土阿莫土群岛，法属波利尼西亚。

评估当地资源的方法。

在“侦察员们”度过“试住期”并感到满意之后，波利尼西亚人才会举家搬迁，整个部落的人一起下海，由几艘外伸独木舟领头，带着由大量双体船构成的船队，浩浩荡荡地驶向新的落脚点，这些船之间的距离必须足够远，这样才能在大洋中自由航行，但又必须足够近，至少肉眼要能看到其他的船。随着时间的推移，这些双体船也正在变得越来越复杂，以至于出现了一定程度上的专业化。一些岛屿上的原

※ 泰蒂亚罗阿环礁某处海滩上的一只有角沙蟹，位于社会群岛，法属波利尼西亚。

※ P32—33：泰蒂亚罗阿环礁，社会群岛，法属波利尼西亚。

住民非常擅长造船，而一些岛上的树木则是造船最理想的材料（比如马克萨斯群岛和斐济），或者另一些岛上出产对于制造造船工具来说最不可缺少的石头。建造一艘大型双体船是一项规模相当大的工程，需要某个岛屿或某个地区的很大一部分人力都投入其中，并且要花上几个月的时间。因此，为了筹备一艘能容纳 300 名乘客、需要 100 位男子为动力的斐济大船，从动工到下水，需要 7 年的时间。这艘船的速度最高能达到 18 节——布干维尔上将[1]和库克船长的船也不过只有最高 12 节的时速——船体上安置了巨大的遮挡物，在船的正中心，还安装了一台巨大的炉子，炉子是由一块坚硬的木头挖成的，底部被撒上了一层火山石，再撒上一层土，起到保护的作用。

对于海上航行的大船来说，乘务组人员和乘客们都没有那么重要，最重要的是后勤，是能够长期保证船上人员饮食水平的能力。在这一方面，波利尼西亚人再次展现了他们的惊人智慧。今天的我们，提起欧洲人的地理大发现的历史，往往会联想到坏血病和幽灵船——由于健康的船员人数不足，这些船最终无法返回港口。然而，太平洋上的波利尼西亚航海家们则完全没有这种烦恼，他们将淡水储存在竹筒和葫芦中，有时候也带上椰子喝椰子水；至于食物，他们用树叶包裹水果和块茎，无论是晒干的、腌制的，还是新鲜的，此外，在旅途中，还可以有新鲜的鱼和海鲜作为能量补充。在航海期间，波利尼西亚人当然也会钓鱼，不过在他们出发之际，还会携带几大筐的活鱼，并将鱼筐固定在船的水下部分。在当时，波利尼西亚人的水产养殖的确已经很常见了，池塘或潟湖内巨大的封闭空间可以作为他们储备活鱼的场所，能够养上数月。

---

1 路易斯·安东尼·布干维尔（Louis-Antoine de Bougainville）是一位法国海军上将、探险家，与库克船长处于同一时代。

另外，我们也不能忘记为了实现长期定居而必需的一切。我要提醒读者们，波利尼西亚人所做的可不是简单的游牧，而是真正的迁徙。波利尼西亚人与他们的祖先拉皮塔人一样，按照他们的发展速度，会携带大约 90 种植物，还有一定数量的动物。的确，太平洋上的许多岛屿位置非常偏僻，动植物资源贫乏，多样性也很差，要想在那里定居，就必须主动丰富那里的动植物资源。从这一点来看，一种块茎植物将对先民们在气候特别恶劣的新西兰定居发挥决定性的作用，它就是土豆。

海洋冒险

帕门蒂埃（Parmentier）先生在欧洲推广的土豆，早在 1000 年以前，就已经被波利尼西亚人带到了太平洋中心地带的库克群岛。然而，土豆的基因组表明，它的起源要比库克群岛还要远得多，是在将近 9000 千米之外的南美洲。这并不是唯一证明波利尼西亚人与美洲印第安人有联系的证据，因为反过来看，美洲印第安鸡携带的突变也只存在于西波利尼西亚的物种之中。

至于这种联系的产生，是多亏了波利尼西亚人的独木舟，还是美洲原住民的木筏，我们现在还不确定，不过根据出土的陶器碎片，可知美洲印第安人曾经抵达科隆群岛。秘鲁的一些传说让人联想到伟大的越洋之旅，比如，据说印加帝国的君王图帕克·印卡·尤潘基（Tupac Inca Yupanqui，1471—1493）曾经在听商人描述了一番法国西部的一系列未知小岛之后，进行了一次海上探险。另一方面，厄瓜多尔和秘鲁沿岸的许多民间故事则让人想到来自西方的移民。如果我们比较波利尼西亚人的海上迁徙和美洲印第安人的航海实践，我们会一如既往地倾向于认为两者之间的联系是由前者（也就是东方人）发起的。

在上文中，我们提到了著名的出土于巴西的卢西亚遗骨，以及金伯利地区的原始人壁画与马托格罗索州的拉帕·韦梅尔哈和皮奥伊州的佩德拉·富拉达的绘画之间存在着相似之处。2016年8月,《自然》杂志发表了一篇文章,这篇文章使得“有一群来自西方的移民从海上来到南美定居”的假说更具有说服力。来自丹麦的一组科学家通过研究表明,先民们“从欧亚大陆通过白令海峡走到美洲”的假设是不可能的。他们对该地区花粉的DNA分析表明,在12700多年前,白令海峡附近什么植物都没有,这至少说明了“先民们为了狩猎哺乳动物从欧亚大陆跑到了美洲”的说法是不太靠谱的。

“移民者从海上来”的假说也可以解释美洲印第安人生活中的海洋性元素。也就是说,早在欧洲人到来之前,厄瓜多尔的各个港口就已经繁荣了很久。这个时期的货币,是一种只在当地沿海地区盛产的红色贝壳,在墨西哥西海岸的考古发掘遗址中确实也有发现。这种对海洋的渴望、对公海的向往,也可以解释安的列斯群岛上的人类定居现象,我们前面提到过,大西洋或印度洋上的许多岛屿始终没有任何人类活动的证据。这次迁徙很可能是公元前5000年左右开始的,来自奥里诺科河或亚马孙河流域附近的先民们,一路向北抵达了委内瑞拉附近的特立尼达岛,然后,从一个岛到另一个岛,最终到达古巴。

不过,回到大洋洲的先民们这里,他们对公海的野心可没有仅仅局限于东方。如果不是他们,马达加斯加的狐猴们无疑会继续繁荣兴旺个几千年。实际上,在大约1500年前,巴里托河流域的人们在苏门答腊和爪哇岛附近游牧,他们借助外伸独木舟和“恒星之路”的力量,最终抵达了马尔代夫,随后登上了马达加斯加岛。他们带来了水稻、绿豆、棉花,所有这些东西都来自遥远的亚洲。

最后,南岛先民们的海上扩张覆盖了印度洋和太平洋,他们的活动范围占了地球表面的四分之一。于是我们自然而然地会思考一个问题,那就是他们为什么不再继续扩张了。复活节岛可能会给我们提供一条线索。复活节岛上的第一位国王霍

图·玛图阿（Otto Matua）与他的部族一起被驱逐出了马克萨斯群岛，他们从海上出逃，并占领了复活节岛，从长远来看，复活节岛被证明是一个可怕的陷阱。对树木的无节制使用，最终造成了居住者们无法凑齐造船所需的原材料，使他们的和平天堂变成了一座名副其实的监狱。在伊瓦大陆的陷落中，先民们刀耕火种的生活方式、飓风和其他气候突变可能发挥了重要的作用，对于波利尼西亚人的扩张来说，这些也可能是阻止他们航行的因素。毕竟，正是飓风和天气状况最终让“西方的波利尼西亚人”——维京人逐渐不再活跃于海上……

——维京人：西方的波利尼西亚人——

序曲

在海上，没有所谓的偶然性。海洋民族不是凭空产生的，而是经过长期的训练，积累了足够的航海知识，才在世界的大舞台上崭露头角。震惊加洛林王朝的海岸线的维京人也不例外，他们并不是突然出现的一群人，他们来自遥远的黑暗时代。早在新石器时代，在荒凉的斯堪的纳维亚半岛上，人们就建造了独木舟，他们从一个峡湾航行到另一个峡湾，开始探索波罗的海。

这些民族对世界的想象（神话传说）的确没错，这是一个关于海洋的想象，这意味着他们生活在其中，或至少对海洋相当熟悉。因此，在北欧神话中，我们在海渊的深处发现了一个水下城市，它的壮美和财富超过了我们的陆上世界。这与

※ P36：法属波利尼西亚一个大型环礁岛冠的鸟瞰图。

Þor rær a sio med
hyme Jötni og dregur
hier Midgards Orminn
reidist Hymir og reider
hamarinn Miölnir, og
vill liösta hann þ hugle
isc. sösem lesa ma i XLI
Dæmi Saugu Eddu

基督徒对世界的想象（《圣经》中的故事）大相径庭。然而海底世界的危险性也不容忽视，耶梦加得是环绕世界的大海蛇，它能用嘴咬住自己的尾巴来固定海洋，当它心烦意乱时，它还能引起风暴和海啸，将所到之处的一切扫荡一空。即使在中世纪，那时的海蛇形象虽然体型较小，但它仍然是北大西洋水手们讲述的海上故事中的核心存在。

维京人原本是由商船水手们构成的若干个小部落，他们横渡波罗的海，有时冒险进入北海，有时也进入大西洋。通过"野蛮入侵"的方式，维京人的文明得以兴盛。他们中的几个部落——哥特人、汪达尔人——向西迁徙，而另一些部落则在维斯瓦河口、奥得河边定居。繁忙的水上交通连接了波罗的海沿岸与其他地方，维京人先发制人，垄断了琥珀、皮草等奢侈品的水上运输权。中欧和东欧的这些河流是维京人的船队快速扩张的基础。后来，阿拉伯人的崛起，切断了东西方之间的传统贸易路线，因此新的海上路线出现了，来自亚洲的丰富资源，通过东地中海、黑海和里海被源源不断地运来。像哥得兰岛这样的商业中心应运而生，港口出现了，比如斯德哥尔摩附近的比尔卡、丹麦西南海岸的霍里萨布（Horithabu）。维京人在波罗的海沿岸的日耳曼人聚居区与斯拉夫人聚居区建立了殖民地，从此，斯堪的纳维亚的商业业务辐射至欧洲腹地，直到拜占庭帝国。维京人沿着维斯瓦河、伏尔加河一路传播他们的海上想象，以至于后来的俄罗斯神话中有不少来自他们想象的元素。比如在俄罗斯人的神话中，有一位统治着海洋、河流和琥珀的国王，他住在一座水晶宫里，这座宫殿位于水下，它的底部被一块比太阳还要耀眼的宝石照亮。对于俄罗斯这样的陆上民族来说，能够对海洋有着如此美妙的想象的确很难得，而且，在很多的俄罗斯民间故事中，也都有一条金色的鱼的身影。比如我们都知道，普希

※ P38：雷神索尔与巨人希密尔跟巨型海蛇耶梦加得的战斗，一幅 18 世纪来自冰岛的手稿。

金就写过关于渔夫与金鱼的童话，但其实这个故事还有其他的版本，在其他的版本中，这条小鱼有各种各样的形象，有时它能赋予生命，有时它能带来繁殖力，有时它能带来财富……

的确，维京人穿越河流，跨越山海，找到了大量的财富。财富意味着冒险，东方世界需要大量的黄金和白银，就像加洛林王朝的修道院疯狂敛财所囤积的财富一样多。在查理曼国王的统治时期，维京人在法兰克王朝的土地上大肆抢掠，一方面是对修道院敛财的报复，另一方面也是因为遥远的东方，富裕的撒马尔罕的布哈拉需要这些金银。但是，西方海域的吸引力并不仅限于海岸，公海、北大西洋和冰川都令维京人着迷。

冰雪探险

今天的人们通常认为，维京人的远征或是出于人口学方面的原因，比如过剩的人口让他们不得不去更远的地方寻找新的土地，或是由于长子继承权（长子独自继承农场，幼子必须离开）的法则，又或是利益的诱惑等。所有这些原因固然起到了一定的作用，但事实上，对公海的向往、对未知的渴望同样也是维京人扬帆远航的重要原因。

因为，在北冰洋那寒冷到结冰且动荡不安的海水中冒险，需要一种根植于身体和灵魂深处的探索渴望。诚然，维京人拥有诺尔船，也就是大家熟知的维京长船，以及从 10 世纪开始，他们又有了柯克船，这种船的承载量更大，但我们必须要知道当时的海上航行条件。北大西洋可不是什么“好脾气”的水域——让 - 巴蒂斯特·夏古（Jean-Baptiste Charcot）就是在冰岛外海遇难的——而且在北极地区到处都是巨大的流冰，足够让好奇的人们望而却步。此外，航海家们还得找准方向，辨

※ “奥塞贝格号”（Oseberg）维京船，位于奥斯陆维京船博物馆。

别航向和认清海角。当然，维京人有他们自己的法宝，即斯堪迪亚纳人经常使用的“太阳石”，这种冰岛晶石可以让太阳光产生偏振从而辨别太阳所在的方向，但这当然还不够。维京人对大海的渴望、对开疆拓土的需求一定是出乎寻常的，才让他们敢到这些荒凉的海域里冒险。

接下来的事情进展神速。7 世纪末，挪威人在设得兰群岛定居，他们的后裔在 8 世纪初移居奥克尼群岛和法罗群岛，又过了大约 50 年，英格尔夫·阿纳尔松和赫约拉弗·阿纳尔松兄弟踏上冰岛，到了 930 年左右，冰岛的人数已经达到 6 万人。又过了半个世纪，红胡子埃里克因谋杀罪而被判处暂时流放，当他从格陵兰岛的南部登陆之时，或许会想起一位名叫贡比约恩（Gunnbjörn）的前辈，他因为海上的一次暴风雨而意外地发现了格陵兰岛。3 年之后，大约 985 年，红胡子埃里克成立了一支探险队，在这片“绿色土地[1]”上，建立了一个持续近五个世纪的聚落。

红胡子聚落的兴盛要得益于中世纪的气候，在 950 至 1250 年间，格陵兰岛的气候相对暖和，比如今要高 2 摄氏度，沿海的风暴和冰层也比较少。该聚落拥有 190 多座农场、6 座教堂、若干修道院和 1 座主教府，居民主要是农民、渔民和猎人，还有一些商人。到目前为止，在格陵兰岛的东侧，有 550 个定居点，其中一半是农场，另一半是用于夏季转场的大型牧场，西侧则有 90 个定居点，主要是农场。

这些农场里饲养着绵羊、山羊和马匹，目的是为了保证居住者的生计，同时也用来储存运往北欧市场的各种产品。在红胡子的殖民聚落存在的五个世纪中的大部分时间里，它始终是一个庞大的商业网络的一部分，这里的人们进口时尚服装，出

1 格陵兰是丹麦语 Grønland 的音译，其字面意思就是“绿色土地”。

口独角鲸和海象的长牙——它们都是北欧艺术和工艺品的抢手货——以及海象皮。海豹油也很受追捧，熊的皮毛和牙齿也经常是被交易的对象，甚至还有活着的熊被运来交易，以满足中世纪君主们的猎奇心态。这些熊是格陵兰岛的居民们在远征迪斯科岛时狩猎或捕捉到的。格陵兰岛居民们还与因纽特人建立了宝贵的联系，当时因纽特人主要居住在北极圈以外的位于加拿大北部的埃尔斯米尔岛一带，而这已经是美洲的范围了。

美洲那么近，却这么晚才被发现

985 年夏末，冰岛人比亚尔尼・赫约尔夫森（Bjarni Herjólfsson）在偶然的情况下发现了美洲。他原本是一位常驻挪威的商人，每年都会去冰岛看望父亲，但在 985 年的夏天，当他来到冰岛时，发现父亲的房子似乎已经很久没人住了。当他得知，他的父亲跟着红胡子埃里克一起去了格陵兰岛之后，他决定也要去格陵兰岛看一看，于是，在北极的大雾中漂流了几个星期后，他遇到了一条平坦的、树木繁茂的海岸线，好像根本就不是格陵兰岛。赫约尔夫森并没有在那里上岸，而是返回找到了那片“绿色土地”。

15 年后，红胡子埃里克的长子莱弗（Leif）买下了比亚尔尼・赫约尔夫森的船，决心去探索那片未知的土地。他沿着赫路兰（Helluland）——即巴芬湾的东侧土地——前行，路过了拉布拉多海附近的森林和深海湾的土地，这里很可能就是当时赫约尔夫森看到的地方，莱弗称之为马克兰，最后他到达了文兰，这里的野生小麦和葡萄藤郁郁葱葱，草木茂盛，生机勃勃，河流和湖泊中盛产鲑鱼，到处可见枫树的身影，这里就是圣劳伦斯地区。莱弗当时就产生了在这里建立殖民地的想法，然而，由于缺少条件，他不得不放弃。

在莱弗之后，其他人接过他的“火炬”，分别是索瓦尔德（Thorvald）和索尔斯滕（Thorsten）兄弟，还有一位名叫卡尔塞夫尼（Karlsefni）的富商。他们总共做出了六七次在此殖民的尝试，其中有一次几乎成功了。在5年的时间里，有近150名男女在文兰，也就是兰塞奥兹牧草地上繁衍生息，其中一个名叫斯诺里（Snorri）的人甚至是第一个出生在美洲土地上的欧洲人。1960年起，探险家赫尔格·英格斯塔德（Helge Ingstad）在这一区域发现了十几处定居遗迹，这意味着当时维京人

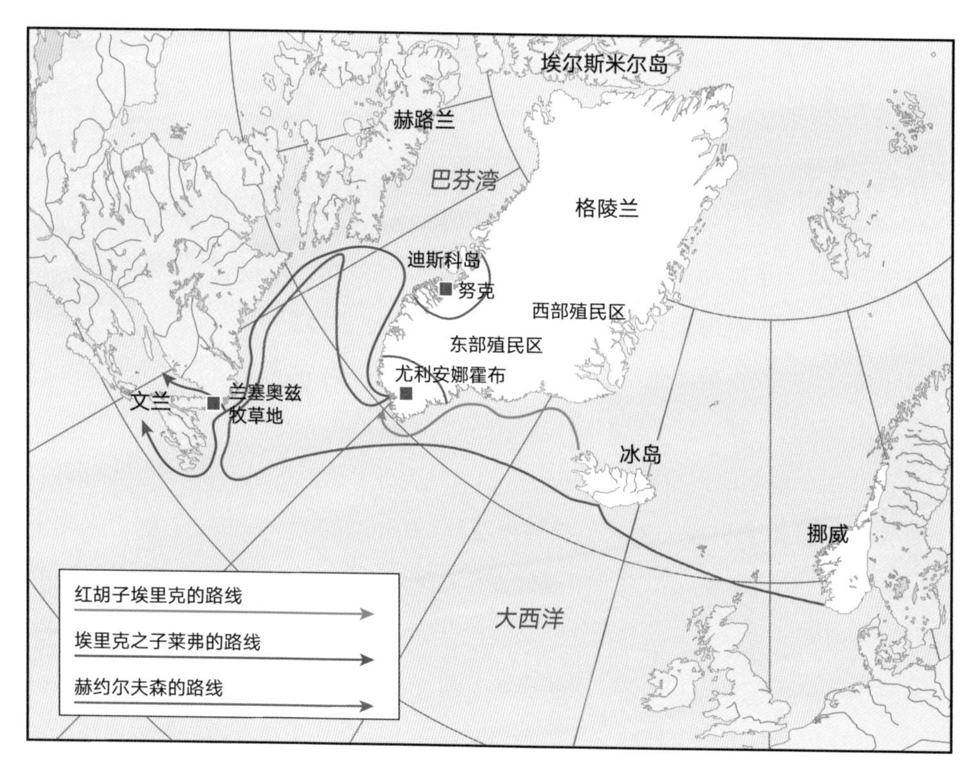

※ 维京人远征美洲。

试图在此殖民，但不知为何没了下文。

长期以来，我们一直都对维京人突然放弃这块土地的行为感到迷惑不解。有些人猜测他们是因为在当地原住民的逼迫下不得不撤离的，还有一些人觉得是因为维京人的人口数量太少，不足以在这里建立新的殖民地。以上两种猜测都有一部分合理性，此外可能还有一个原因，那就是 13 世纪初发生在北半球的大规模降温，到了 14 世纪初，气温再次剧烈下降。

这次的小冰川期带来了漂流冰层，让港口也变得拥挤，这使得前往格陵兰岛以及美洲的海上交通变得十分不便，巴芬湾整个被冻住了，为了找到能让船只下水的开放水域，得一直往北走，走到北极圈以内才行，这就让人们与美洲大陆之间的联系被大大削弱了。

在格陵兰岛的经济发展逐渐衰落的状况下，情况尤其如此。海豹、鱼类、驯鹿等自给自足的经济交易让西部殖民区繁荣了一段时间，直到 14 世纪末被废弃。东部的殖民区则是稀稀拉拉地又繁衍了几代，然后也没落了。农场里的人越来越少，年轻人离开，只剩下老人留在当地，渐渐死去。在格陵兰岛殖民地的黄金时代，曾有 2500 人分散地居住在长达 1000 多千米的海岸线上，随着时间的推移，那些小型的、原本就不稳定的聚居地一个接一个地消失了。

但这并不是说人们已经忘记了与美洲的联系。冰岛史册记载，1347 年，一艘满载了来自马克兰木材的船遭遇了沉船事故。人们猜想它是要前往挪威的卑尔根，因为那里的主教府仓库中堆满了来自美洲的毛皮和原木。至少在 14 世纪之前，前往美洲的直线穿越就被认为是可行的，对于那些熟悉水流与风向的航海者来说，横穿拉布拉多海比从卑尔根到冰岛首都雷克雅未克更容易。

在神话传说中，也有这些海上往来的影子：在阿兹特克人关于羽蛇神的预言中，提到了“来自东方的征服者”，这些人白皮肤、大胡子，并且将摧毁他们的帝国，这难道不正是维京史诗的遗迹吗？即使在民间记忆中，美洲也没有被人们遗忘，渔民们很早就知道了前往纽芬兰大浅滩必定会有收获，来自法国潘波勒（Paimpol）和布雷阿岛的渔民们早在1450年左右就去那里捕捉鳕鱼了。

※ 巴拉塔利德（Brattahlid），红胡子埃里克及其后代们曾经生活过的地方（10至15世纪），位于格陵兰岛西南部的维京殖民地。

※ “塔拉号”大洋考察期间在地中海收集到的鱼类幼虫和放射虫群落。

靠海而生

我们不但希望探索海洋、发现海洋、在海洋里冒险，而且，我们还可以靠海而生。这意味着我们不但可以从海洋中获取资源，还能够通过海路运输大量的财富。我们在海洋中捕鱼，在海洋上劫掠。在海上，我们总是与信任的伙伴们一起工作，这样，那些物产最丰富的浅滩的位置，那些载满珠宝的商船经常出现的区域，就只有我们“自己人”知道。这是我们与大海建立起特殊联系的基础，我们也基于此创造出独特的想象世界。

—— 靠海吃海 ——

提到捕鱼业，我们总是会想到曾经的纽芬兰渔民——他们在纽芬兰地区捕捉鳕鱼，又或是如今的工业捕鱼船；我们似乎始终没有意识到，自从人类出现在这个世界上，在地球的各个角落，所有人都是靠海吃海。

我们之前提到了南非尖峰点的智人遗址，当时这些智人就算是靠海而生了，而且这并不是一个孤例。在任何地方、任何时候，都有以海为生的群体。比如在加勒比海，大约 5000 年前，先民们抵达了安的列斯群岛，他们在那里捕鱼、耕种，从海中收获了鱼类、海洋哺乳动物、贝壳类食物和海胆。先民们主要在沿海地带捕获海洋生物，但也会去近海的珊瑚礁中寻觅猎物。因此，出海航行成为一种日常。据估计，这些哥伦比亚人的先祖们大约 40% 的食物都来自海洋。

然而，这种海上活动长期以来一直被视为一种相当可怜的不得已。比如，法国民俗学家阿里耶特·盖斯多弗（Aliette Geistdoerfer）就曾经指出，在 20 世纪初，在法国沿海发掘遗址的考古学家们判断，完全靠海为生的人“不仅在物质上乏善可陈，而且在身体和智力上也很孱弱”。这种看法意味着，渔业人口乃至更广泛的沿海人口都被视为一个特殊的群体，他们具有独特的神秘仪式，且生活在一个神秘的世界中。陆地居民认为他们是落后的，注定只能依靠海洋能给他们的东西来养活自己。

如果说海洋人民的捕鱼取食是“不得已而为之”，那么它其实与农民们耕种土地的“不得已而为之”并没有什么不同，只不过后者被认为是更优越的。但是，仅凭这种单一的视角，并不能充分凸显海洋劳作实践的多样性、海洋人民对资源的适应性以及他们从海洋这一不断变化且往往是很危险的环境获取资源所需的智慧。我们对这些民族的了解只来自零散的社区遗迹、档案中薄薄的几页纸以及一些旅行见闻，但我们至少能从中了解到一些东西，让我们能够重新还原出海洋先民们生活的世界，让他们的形象丰富起来，就像让·拉斯帕尔（Jean Raspail）在他的《谁会记得人民》[1]（*Qui se souvient des hommes*）一书中巧妙地让阿拉卡卢夫人（Alakalufs）的形象变得鲜活。

这些阿拉卡卢夫人来自时间的深处，也就是极其遥远的古代，他们一直生活在麦哲伦海峡的岸边，在那里以海上游牧为生。他们从一个海湾漂到另一个海湾，在

※ 企鹅和海狮，摄于智利火地群岛的乌斯怀亚市。

1 阿拉卡卢夫人是一个几乎已经灭绝的南美部落。阿尔卡卢夫人的本名是"Kaweskar"，意思是"人民"。

每一处陆地停留十几天，消耗完既有的食物之后，又驾驶着他们的独木舟驶向那片世界尽头的动荡水域。除了少数的例外情况——比如夏季才有的植物、少数陆地哺乳动物——阿拉卡卢夫人的食物完全依靠对海洋的开采。贝类在其中扮演着重要的角色，因为无论四季，它们都产量丰富，而且即使在恶劣天气下也很容易获得。阿拉卡卢夫人食用大量的贻贝，而贻贝中含有丰富的维生素 C，在以肉食为主的人群中，能有效地防止坏血病的发生。他们在海中狩猎花斑喙头海豚，大海狮和小海狗则既可以在海中捕获，也可以在陆地上捕获。他们偶尔也会在海滩上发现搁浅的鲸鱼——通常是长角鲸——这些鲸鱼的肉即使是在腐败程度很高的情况下也是可以食用的。每次鲸鱼的搁浅就像是宣布了一次盛宴的开幕，在长达数周的时间里，整个社区都弥漫着烤肉的香气。当然，也不要忘记鸟类，比如经常出现在悬崖上的麦哲伦鸬鹚，也会在夜间被阿拉卡卢夫人击落。这种海上游牧的生活方式并不只是阿拉卡卢夫人特有的——火地岛沿岸的雅加人也过着这样的生活，也不只有生活在荒凉的土地上的人们才会这样生活，地球上各片海洋都滋养了许多以这种方式生活的民族。

长期以来，海上游牧民族和陆地游牧民族一样，从一个地方游牧到另一个地方。他们追随着资源而去，就近安营扎寨，等到当地的资源消耗殆尽，再举家搬迁。他们有的时候，可以走很远很远。比如，巴瑶族起源于印度尼西亚的苏拉威西群岛，他们也是从一个岛屿漂到另一个岛屿，现在的他们抵达了弗洛勒斯岛附近的纳闽巴霍村。他们或是住在他们的独木舟里，或是住在他们在渔场附近建造的吊脚屋中，传说他们将耳朵贴近水面就能听见鱼群发出的声音，也正是因为如此，他们听到了 2004 年那场印度洋大海啸即将到来，并且向游客们发出警告。这种游牧主义并没有完全消失。今天，海上游牧的痕迹仍然存在于捕鱼活动中，为了捕鱼，人们通常需要离开好几个月的时间，不过他们总是会回到同一个地点。实际上，在海洋游牧与定居生活之间，一直存在着一种杂糅的状态，生活在京都以北的若狭湾的海民就颇具代表性。沿着若狭湾凹凸不平的海岸线，海民们走到某个小海湾底部的海滩定居，他们会开垦一些田地，晒制食盐，设网捕鱼，然后再迁移到另一片海滩。而居住在马达加斯加西南海岸的“半渔民半游牧”民族维佐族（Vezo）则让我们发现了他们从游牧生活到逐渐定居的过程。他们最初的生活模式，和日本若狭湾的海民们类似，渐渐地，他们开始在某个村子里扎下了根，这个村子就成了他们的“大本营”，他们与附近的陆地居民进行物物交换。他们用多余的渔获交换木薯、玉米或红薯。每当飓风或暴风雨来临，维佐族人就会留在陆地上，在潟湖内、隔离礁或近海捕鱼。但是，当捕鱼的好时节到来的时候，全族人员会全部出海，时间长达三至六个月，这时他们每晚都会在不同的海滩上宿营。

海洋民族与陆地社区的物物交换往往基于必要性这个前提，但后者对前者似乎总是有一丝丝不解。占据了巴布亚新几内亚南部的好几个岛屿的马努斯人（Manus）被岛内民族乌西艾人（Usiai）称为“海洋人民”，这不是没有道理的。马努斯人每天食用鱼类，偶尔进行交易——他们用椰子壳熏烤鲜鱼，这样能够保存三至五天——但是他们的做法被认为是奇怪的，他们的世界被认为是异类的。马努斯人的传说更是令人感到惊奇，按照他们的传说，人类是一只乌龟的后裔，而鲨鱼被认为是人。钓到鲨鱼或吃掉鲨鱼就能让马努斯人与他们的祖先接触，而且吃得越多，获得的能量就越大。

这些渔民社区构建了属于自己族群的神话，他们对世界的理解都是基于他们各自的日常生活。在维佐族的传说中，他们的祖先是渔夫扎沃托（Zavoto）和安培拉·玛曼伊萨（Ampela maman' isa）结合所生下的，后者是一个“长有鳃的女人”。渔夫用渔网捕获到了女人，她向他透露了海洋的秘密，还给他生了个儿子，就是维佐人的祖先。如果我们把维佐族神话中的“长有鳃的女人”理解为美人鱼，那么关

※ 维佐族，马达加斯加的海上游牧民族。

于鱼女的故事在各个纬度地区的文化中都能找到，比如欧洲、亚洲、中东甚至北美。在这些传说中，也总是有这么一位渔夫，而鱼女本身，在不同的文化中，或是善良的，或是邪恶的，或是生活在很遥远的地方，或是和人类很亲密。人类和鱼女是可以结合的，就像安徒生童话中所写的那样，但鱼女们往往很纤弱，她们的血管中流淌的不是血液，而是海水，她们流出的乳汁也是海水。鱼女们的本质是矛盾的：一方面，袭击或伤害了美人鱼的人会遭受 7 年的不幸；另一方面，美人鱼又总是引诱水手们陷入海浪之中并因此丧命，同时还会确保被她带到她的水下领地的溺水者获得某种形式的永生。

然而，美人鱼只是海洋民族神话传说体系中一个微不足道的小元素，神话教会了海洋民族们习惯和驯服海浪，抵御来自大海的愤怒。比如，在神话中，鲸鱼的形象也是经常出现的，并且往往呈现出正面的形象。不同于《圣经》所记载的先知约拿被鲸鱼吞下，海洋民族神话中的鲸鱼往往很友善，它会把遇难的人或被暴风雨困住的船背在背上，然后将他们送到平静的水域或海滩上。有时，神话中鲨鱼的形象也是很正面的。在新喀里多尼亚的松树岛上，传说玛帕（Mâpa）和库雷如（Kuréju）一直关注着水手们，并在必要时保护他们，在天气不好的情况下，它们还会驮着船只将其带回岸边。在马雷岛上，也流传着一条名叫尤斯（Yoce）的鲨鱼的传说，它是很多捕鱼氏族的图腾，而且据说，它所在的位置不同，会呈现出截然不同的形态：在海里它就是鲨鱼，在陆地上它就变成蜥蜴。它会保佑酋长、部落和海滩。甚至有的时候，即使被鲨鱼吞下也不一定就是坏事，在卡纳克人（Kanake）的传说中，一个宗族的祖先往往都曾经被鲨鱼吞下又吐出，比如乌韦阿岛上的杜迈（Doumay）氏族，或松树岛上的奥皮杜佩雷（Opi-Duèpéré）氏族。当然了，海洋生物们也并不总是那么“客气”，在丹老群岛的海上游牧民族莫肯人看来，有一些贝壳中藏有公主，当英雄们需要作战的时候，纳亚（Naya）——大型的水陆两生蛇——会出现并帮助英雄，但还有一些章鱼会攻击船只，或者巨型的海蟹会造成潮汐。这只大螃蟹藏身于一个巨大的山洞里，山洞位于海洋中央的一棵魔法树下。当它离开它的巢穴时，海水涌入，造成了海水退潮，而当它回到巢穴时，海水退出，造成了涨潮。

这些神话中的海洋生物不仅能与生者互动，还能与冥界沟通。比如，根据莫肯人的传说，当有海豚陪伴在他们的船只左右时，他们需要保持沉默，因为海豚们代表了亡者，而亡者们的世界往往位于水下。在卡纳克人的传说中，也有一个与生者世界完全相反的亡者世界。在那里，人们吃生食，朝着相反的方向跳舞，如此等等。有时，亡者的世界可能并不那么美妙，对于中国台湾兰屿岛上的人来说，海洋中生活着被他们称为“海洞中的亡者”或“深海亡者”之类的危险存在，海渊就是这些亡者们的家园。为了安抚亡者，他们会召唤非凡的祖先们，比如“金枪鱼亡者”，这位祖先原本是一条金枪鱼，凭借着他的勇气和勤奋工作，成了一位迷人的人类。他们有时候也会求助于一些比较可怕的祖先，比如“长蹼的亡者”或“颠倒的亡者”，这是两位身体处于高度腐烂状态的巨人，他们是亡者的坐骑，并且统治着整个宇宙。

当然，在大多数时候，海底世界都被描绘成一座天堂。印度尼西亚的海上游牧民族萨马人认为，海底有若干座水晶宫，里面生活着精灵，他们在水晶宫里进食，还在那里照顾受伤的鱼类；而因纽特人则认为在他们的海底乐土中，有着永恒的夏天，那里盛产海豹，以至于他们可以不费吹灰之力地捕捞，就像是已经做好的大餐摆在眼前一样。

这些神话传说都说明了人们对海底的好奇心，或许可以追溯到人类诞生之初。只不过，关于这个问题的研究很少，零零星星，甚至完全没有。如果说关于人类是如何开始直立行走的理论和研究汗牛充栋的话，那么关于人类是如何学会游泳的研究就显得凤毛麟角了，更不用说关于人类如何学习潜水的研究了。人类有记载的、最古老的潜水痕迹可以追溯到公元前4500年左右，在地中海东部、波斯湾、印度等地，都有捕捞珍珠、珊瑚和海绵的渔民。公元前3000年的苏美尔碑文中就提到了“鱼眼”的存在，所谓的“鱼眼”就是珍珠，经巴林出口到美索不达米亚。潜水者的海底捕捞主要为了赚钱，他们收集海绵、贝壳（骨螺或珠母贝）、真珠蛤或红珊瑚，总之是那些可以卖到一个好价钱的海货。但潜水也并非是没有风险的：耳膜穿孔很常见，而且还要时刻小心鲨鱼的守护者海狗们的出现。渔民们将油倒入海中以便获得更好的视野，然后将一块连接着绳子的大石头投入海中并顺着绳子下潜。一旦潜到海底，他就开始在绳子四周寻觅，将找到的好东西放入固定在胸前的袋子中，然后向同伴发出上浮的信号。按照亚里士多德的说法，渔民们可以下潜至海底55米的深处，但每天不能超过10次，每次在水下的时间大约为两至三分钟，有的时候，渔民们也会佩戴一种与象鼻子相似的呼吸管，也就是我们现在的潜水透气管的雏形。

潜水这种活动当然会引起战略家们的兴趣，拥有能够破坏敌舰的潜水员，或至少能知道敌舰的行踪信息，这就会让我方具有很大的优势。根据希罗多德的说法，这甚至是希腊舰队在萨拉米斯取得胜利的主要原因：潜水员斯西利亚斯（Scyllias）在战争前夕割断了波斯船只的系泊设备，让希腊阵营取得了胜利。神话也好，现实也罢，罗马人在任何情况下都不会忽视潜水员的作用，他们甚至不惜组建一支精锐军团，即“潜水团”（urinatores）——这一名称取自潜水员用作增压罐或浮球的气囊的名称——他们负责刺穿船体，切断对方船只的系泊系统，以及向被围困的港口传递消息或食物。“潜水团”的组建强调了潜水工作的技术性，潜水可不是一时三

※ P58—59：在日本神话中，玉取姬偷走了能够控制海浪的魔法石，被海洋之神龙神追赶。这是歌川国芳19世纪创作的铜版画。

井草
國芳画
卜山口
佐七刻

一勇斎
國芳画
卜山口

龍宮玉取姫之圖
朝櫻樓
國芳画

刻就能学会的。自从古希腊时期起，潜水就是垄断性的专业团体才能从事的特殊职业，他们有着自己的规矩，还有相当神秘的加入仪式。公元前2世纪，一部名为《罗德法》（*Rhodes*）的法典就已经提到专门负责打捞货物的职业潜水员的存在，甚至还规定了如何根据沉船所在的深度来分配赏金。由于大量的财富在海上流通，有时也会沉入海中，这也吸引了海上劫掠者。

—— 海上劫掠 ——

“海上劫掠”这种说法，会让人想起杰克·斯帕罗、“黑胡子”、巴巴罗萨兄弟和郑一嫂。我们想象中的海盗形象是强大的、有力的，但其实并不完全如此，海盗的世界很复杂，可以说是一个灰色地带。是的，沿海地区也有老实巴交的海员兄弟，但他们并不是主流，甚至可以称得上是异类了。海上劫掠者中的核心群体是由走私犯、海盗和私掠船船员构成的，他们占据了四分之一到二分之一的人数。

法律当然会对这些劫掠活动进行区分、划分等级、分门别类，但从根本上讲，这些都是一回事儿：攫取在海洋上流通的财富，让自己的“海洋艺术”硕果累累，也就是为自己谋取最大的利益。海盗、私掠者、走私者往往是渔民或商人，每当他们的日子过得艰难，他们就需要想办法养家糊口。当未来看上去毫无希望，当国家开出了空头支票，当边境关闭，人们不得不抓住最后的机会——只要你敢。这也就是希腊语中海盗（peïrata）一词的本意（拉丁语是 pirata），那些选择了让他“敢”的生活的人。海盗，和他的“表亲”私掠者，都像走私犯一样，拼的就是一个“敢”字。

※ 1718 年，逮捕海盗“黑胡子”。让 - 里昂 · 热罗姆 · 费里斯（ Jean-Léon Gérome Ferris ）于 20 世纪初绘制。

走私者

“走私者的存在离不开边境的存在”，这句古老的格言在海上更是正确。自由的大海让人们有可能前往任何地点，进入任何港口，通过这种方式，人们能够引进在陆地上被禁止的货物。无论边境被封锁，还是某个产品被禁止销售或价格太高，海员们总是会听到相关的议论，然后草拟出成本与收益的平衡点，接下来就是要靠“敢”了。水手们在海上要冒着生命危险，他们知道这一点，也能承受这一点。他们冒险在路易十六时期的法国所追捧的这个或那个海滩登陆，冒险往清帝国的海岸线上运输鸦片，冒险往腓力二世在美洲属地的海岸线上运送欧洲成衣，但他们并不害怕。在全世界所有的海面上，都有这样的事情发生。

走私活动，无论是在本地的小规模走私，还是在世界范围内的大规模走私，就是一场大冒险的游戏，一切都取决于被禁止的东西，取决于利润。著名的“伯明翰小玩意儿”，从纽扣等装饰物到银色金属的餐具，在进口的时候都要加税，由于路易十六时期的法国对它们情有独钟，在当地走私市场上它们就成了常见的货物。法国的渔夫们早上出海——当然他们偶尔也会捕鱼——往往一路直奔英国而去，或前往交通枢纽奥斯坦德，因为从英国运回一船货物的收入要比捕鱼高十倍。所以，18世纪80年代，巴黎的一家时尚用品商店给自己起名叫作“小敦刻尔克”就不奇怪了。在那里，大量的“违禁品”被出售，货源就是来自让·巴尔克（Jean Bart）[1]之城的水手们给他提供的。反过来，当拿破仑宣布封锁欧洲大陆的时候，英国的走私者们就开始忙活了起来，海上的监视固然被加强了，还有海关人员四处巡逻，但大帝国的海岸是如此广大，风险也没有大到离谱。

---

1 让·巴尔克（1650—1702），法国海军的指挥官和私掠者，驻守在敦刻尔克。

当然，走私的猖獗并不意味着当时的法国完全彻底地与经济现实脱节，彼时，毫无节制征税的英格兰成为一个苏格兰人（经济学家亚当·斯密）定义下的自由主义经济的完美样本，狡诈的英国人也知道如何“犯错误”。当时英国的税收高得吓人——80%至100%——英国人喜欢喝的茶被用来征税以弥补国家赤字，当然也遭到了走私的反噬，茶叶被疯狂地走私，以至于从1740年起，走私茶叶的数量就达到了合法进口数量的三倍。法国在这一走私交易中独占鳌头，因为它靠近英国，走私行业也很成熟，当时的酒类——尤其是波尔多葡萄酒——也要缴纳类似的进口税，所以敢于冒险已经成了水手们的习惯。布列塔尼各大港口的商人也跑来分一杯羹，莫尔莱、罗斯科夫、圣马洛成了南特商人的中继站，他们抢占了东印度公司一半本该用于供英国进口的茶叶份额。

不得不说，这些布列塔尼的商人们对走私这门生意了如指掌，所谓的“南太平洋的冒险”，不过就是大规模的走私。走私这个行当，其实也是有垄断存在的，殖民地只具有与宗主国进行贸易的权利，可想而知，如果不想绕远路的话，人们总会产生一些别的想法。有的时候，走私也是不得已而为之，在路易十四和路易十五时期的战争期间，加勒比殖民地的人们要想生存下去，唯一的可能就是在当地获得补给，因为法国王室缺乏庞大的海军，无法向他们提供补给。当时，那里的人们一边努力生存，一边也不放松商业的发展：在七年战争期间，圣多明各的奴工市场发展得居然十分良好。尽管与宗主国的联系中断，但在战争开始时殖民地有17.6万名奴隶，到了冲突结束，人数增长到了20.6万。因此，维持生计并不是人们走上“海上搬运”之路的唯一原因，收益的增加推动着人们去下更大的赌注，勇闯南太平洋。

福克兰群岛的岛民们始终对西班牙及其庞大的美洲帝国十分熟悉。他们长期以来一直向加的斯提供制成品，再由加的斯统一送往其他的西班牙殖民地，可见垄断一说可不是法国才有。在西班牙的大型港口，来自圣马洛的商人们彼此交谈、拉

※ “雷纳德号”（Renard），这是一艘独桅纵帆船，是私掠者罗伯特·苏库夫（Robert Surcouf）在1812年拥有的最后一艘武装船的复制品。该船建造于1991年，由圣马洛的一个协会承造。

关系、办手续，一张张细密的关系网被织就，一个个梦想也即将被实现。有人大概会想到波托西的矿山，这些矿山占地广阔，面朝太平洋，且没有人监控。于是，去那里捞上一笔的想法就这样成形了。然后，人们开始研究路线、航程，评估风险，最终实施计划。诺埃尔·丹尼坎（Noël Danycan）原本拥有一家瓷器公司，名义上是为了跨越太平洋与中国商人进行交易，这就成了在西班牙人眼皮子底下暗度陈仓的最佳障眼法。1698 年，两艘运输船起航，抵达智利海岸，丹尼坎获利 211%，于是他再接再厉，在 1698 年至 1724 年间，又陆续走私了 135 次矿产。有一些人在这一项走私中获得了近 800% 的利润，去智利的冒险共赚取了 2 亿英镑。看来冒险是非常赚钱的，而这种事情，也发生在世界各地的其他海上。

在地球的另一端，日本的倭寇也是一个例子。当时，大明王朝闭关锁国——或只允许国家层面上的贸易——有些人将其视为机遇而不是某种障碍。对于走私者而言，边境封锁正是获利的机会，日本人称霸海上，大多是迫于无奈。日本是一个地震之国，国土 80% 的面积是由山地和群岛组成的，乘风破浪就成了他们与自然交流的方式。在古代日本，大海也被看作是一个好的去处，那里有一座“龙宫”，是祖先英灵们安息的乐园。日本的东侧是大陆性的，武士道精神从这里起源，最终传递到整个国家的每个角落，而日本的西侧则早早地开始将目光投向了朝鲜、琉球群岛和长江口。

日本船只定期带着刀剑、黄金和硫黄启程前往中国，换回棉花和丝绸。当大明政府决定闭关锁国的时候，日本与中国之间曾经的贸易来往就派上了大用场。实际上，华南地区并不愿意顺从中央政府的贸易战略，商人们依然依靠与日本之间的联系，发展起了庞大的走私行业。长江三角洲以南的沿海地区，即浙江、福建和广东等省，因此迎来了日本的帆船部队，他们当然是被可观的利润吸引前来的。在 1475 年，一个来自堺市的商人在一次走私中赚取的利润，能够盖 2.5 座将军府。虽然中国自1567年——当时中国解除了对外贸易的禁令——以来，已经成功地消除了走私，但它并没能成功地保护沿海地区不受侵袭，因为另一个角色已经开始登上历史舞台，那就是海盗。

海盗及其“表亲”私掠者

海盗，是专业技术、自然环境和形势背景的共同产物。倭寇就是这种情况，幕府的无政府状态给了日本领主自由的空间，而他们对于投资走私和海盗行动可没有什么排斥感。华南地区的走私贸易增加了倭寇们对明帝国沿海地区和明帝国拥有的财富的了解，由此产生了邪念和贪欲。于是，来自九州和日本海诸岛屿的经验丰富的水手们，率领着规模浩荡的远征船队——最多包括100多艘帆船和1000多名海盗——在宁静的清晨悄悄登陆中国，抢光粮食，掠走劳力。

倭寇们在长江入海口的沈家门站稳了脚跟，然后又开始逐渐占据周围的各个小岛，将它们尽可能地打造成桥头堡，以便向中国大陆发起突袭。他们沿河而上，掠夺寺院，像维京海盗那样绑架勒索。这种作案手法绝非孤例，而是随处可见，比如曾经困扰着法国、西班牙和意大利海岸线的巴巴里海盗，比如1586年洗劫了圣多明各和喀他赫纳的德雷克爵士[1]，比如1711年突袭里约热内卢的迪盖·特鲁安中将（Duguay-Trouin）。毕竟，抢掠的方式也不可能有那么多花样，总的原则就是不管陆地还是海上，看见的一切都抢光就是了。海盗们或采取突袭的方式，登陆海岸线，然后蜂拥而上，抢一把就跑，又或采用更具有“战斗艺术”的方式——登上一艘船，

---

1 弗朗西斯·德雷克爵士（1540—1596），英国著名的私掠船长、探险家和航海家，据知他是第二位在麦哲伦之后完成环球航海的探险家。

然后把船上的财富抢掠一空。这两种方式并不是互相排斥的。一个海盗，作为一个在海上独立行事的走私犯，也会联合他的其他伙伴在陆地上进行大规模的抢掠行动。

虽然海盗这一行风险很高，但回报往往也是巨大的。吉恩·弗勒里（Jean Fleury）在1522年扣押了三艘负责护送阿兹特克人财宝的船只，抢到了价值相当于253千克黄金的金条和宝石。海盗们的目标也颇具多样性，在后人的想象中，海盗们劫掠的应该多是金银珠宝，但我们也不应该忘记，在中国沿海和地中海上，奴工们也是很抢手的，可以说奴工的数量直接代表了海盗们“资产”的丰厚程度。海盗们的收益被用来自我投资，让他们能够更快地爬到社会阶层的顶端，获得受人尊敬的地位。摩根爵士[1]在海上劫掠多年之后，成了牙买加的总督；海盗巴巴罗萨·海雷丁成了阿尔及尔的苏丹和奥斯曼舰队的海军上将；郑芝龙作为海盗打拼多年之后，成了富庶的福建省总督。海盗中也有女性的身影，法国人可能比较熟悉的是玛丽·里德和安妮·伯尼，但遥远的东方还有一位著名的“龙女”郑一嫂，她曾经在中国沿海率领着有300艘船的庞大船队横行海上，最后她定居下来，安享晚年。

因此，与人们印象中的海盗主流形象相反，这些海上掠夺者们并不是与主流社会决裂的个体，他们融入了社会，大多都有自己的家庭生活，出海抢劫就像出海捕鱼一样是家常便饭。他们会认真衡量风险，绝不轻易承诺。干海盗这一行，你得有一位懂行的船长，一个合适的老巢，还有其他一些有利的条件。老巢和行动范围的选择是非常重要的，在海盗的历史上，我们总是能看到中国沿海地区及其隐蔽性极

1 亨利·摩根（1635—1688），是17世纪的一位著名海盗、私掠船长，曾任英国皇家海军上将，受封爵士。亨利以23岁之龄登上海盗首领之位，其后日渐成名，被英国政府任命为英国驻牙买加的总督，成为以牙买加为基地的海盗。

强的大量岛屿，还有马六甲海峡曲折蜿蜒的海岸线，这并不是偶然的。当然，客观形势也很重要，托尔蒂岛和牙买加之所以能够成为海盗们的大本营，因为那附近总有前往塞尔维亚的来自西班牙的运金船经过。一旦贵重金属不继续在附近海域上流通，这些大本营自然就没落了。最后，海盗们还需要的，是支持或者至少是纵容他们的权贵人物，这些“后台大佬”往往对海盗的行动睁一只眼闭一只眼，有时甚至参与其中。海盗——更不必说私掠者们了——完全不是所谓的自由主义者，他们是企业家，是渴望在当时的社会中取得成功的人。而当时的国家高层，也对这一点心知肚明。

我们都知道，私掠者们其实是官方委派的，他们的行动代表着各自的国家。但我们可能不太知道，从本质上来说，海盗其实也是同样的情况。海盗行业之所以能够发展壮大，必不可少的是一个安全的后方基础，以及国家的纵容——至少也是容忍。国家的纵容，有时可能会达到无动于衷的程度，比如，随着迦太基的陷落，罗马解除了舰队的武装，使地中海空无一兵一卒，为海盗活动的空前扩张铺平了道路。

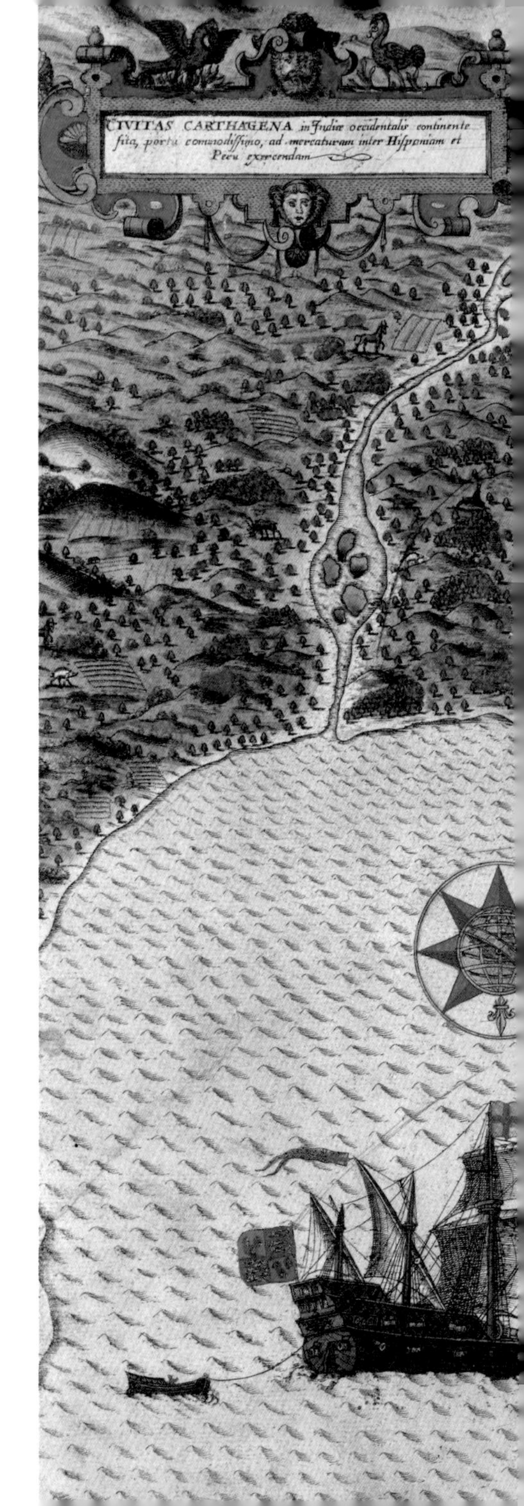

※ 弗朗西斯·德雷克爵士在喀他赫纳，1585 年。巴蒂斯塔·博阿齐奥（Battista Boazio）绘于 1589 年。

CARTAGENA

因此，大多数时候，海盗活动都是被容忍的，甚至是被鼓励的。海盗活动的利润在各个时代都吸引着世界各地的投资者。海军上将科利尼（Coligny）[1]曾热忱地投身海盗事业，正如当时查理九世王朝的其他朝臣一样。而在英吉利海峡的对岸，英国人也没有闲着：德文郡和康沃尔郡的副海军上将沃尔特·雷利爵士、北威尔士郡的副海军上将理查德·布尔凯利爵士（Richard Bulkeley）和怀特岛的海军上尉爱德华·霍西爵士（Sir Edward Horsey）都曾经在海上劫掠方面特别活跃。

并不只是欧洲的国家才支持海盗活动，在日本，九州的北部和西部都出现了海上领主群体的崛起，这些贵族的收入基本上都来自海盗活动。到了14世纪末，有70个贵族甚至结成了一个海盗联盟，即“松浦党”。明朝时期的中国，海盗活动也是同样的模式，江南的商人们在没有生意可做的时候，就支持倭寇们的扩张。在巴巴里海岸，情况也是一样。一位突尼斯富商乌斯塔·穆拉德（Usta Murad），正是通过当海盗来为自己敛取更多的财富。

国家对海盗事业的支持有时是相当积极的。私掠者、海盗都可以是武器，是国家博弈中的一张王牌。英国人和法国人都曾经暗中利用海上劫掠者们来打击西班牙的海上势力，试图切断美洲殖民地和西班牙宗主国之间的黄金路线。荷兰人在把葡萄牙人赶出印度洋的时候，也玩过同样的把戏。阿尔及尔的统治也以类似的模式运作，让作为与基督教国家之间的纽带的沿海地区始终处于紧张的状态。随着时间的推移，国家对海上劫掠者们的管理越来越正规，国家的权威日益强大之后，私掠者比海盗更受当权者欢迎，因为海盗有时不太听话。

我们一定不要搞错一个事实，海盗和私掠者之所以能生存下来，只是因为一个

1　加斯帕尔·德·科利尼（1519—1572），法国军人和政治家。他是法国宗教战争时期新教结盟宗最重要的代表人物之一。

或多个国家能容忍他们。一旦后方的基地不再需要他们，海上掠夺者们就会变得不堪一击。比如，当罗马帝国决定结束侵扰地中海的海盗活动时，庞培没有试图在海上与海盗们作战，而是在陆地上发起了进攻。西西里岛和奇里乞亚上的海盗据点被彻底清洗，海盗们失去了港口和庇护所，最终，海盗们被判处流放，然后彻底消失在历史舞台。这就是为什么当国家吹响终结海盗活动的号角之时，大多数海盗都会选择“上岸”，回归正常的家庭生活，或转行去干别的事儿。那些不肯配合权力游戏的海盗们往往下场很悲惨，比如著名的“黑胡子”[1]，他在七年战争期间是私掠船的船长，然后又改行当了海盗，他先是请求皇室赦免他的海盗活动，但转头又跑去继续当海盗，最后被罗伯特·梅纳德（Robert Maynard）抓住正法。还有一些海盗在国家要治他们的时候悄悄地溜走，跑到别的水域上继续横行霸道，比如 17 世纪末，基德船长和勒瓦瑟尔（Levasseur）都转移到了印度洋。他们在塞舌尔重建了曾经在托尔蒂岛所建的基地，然后又潇洒地度过了 30 多年的海盗生活，值得一提的是，他们甚至还劫掠了一艘来自莫卧儿帝国的大船，掠夺了大量的珍贵宝石、十万银圆和一位公主。海盗们的大冒险，还留给我们很多的传说，那些浪漫的人物，那些丰厚的宝藏——比如我们现在还没能找到的传说中勒瓦瑟尔的宝藏，但无论多么精彩传奇的故事，都不能掩盖真正的绝对力量的崛起。海洋的真正主人，是那些拥有制海权的帝国，在这些国家之中，有一些已经诞生了真正的文明……

1　原名为爱德华·蒂奇（Edward Teach，1680—1718），生于英国布里斯托尔，是世界航海史上恶名昭彰的海盗之一，在西印度群岛及美洲殖民地东岸劫掠。

※ 一条黄色的喇叭鱼。法卡拉瓦环礁（Fakarava）的一个通道底部，土阿莫土群岛（Tuamotu），法属波利尼西亚。

游戏大师

在人类的伟大发展历史上，很快就出现了文明。对于那些陆地上的文明，我们对它们的轮廓勾勒得越来越清晰，而那些海洋上的文明，却似乎总是让我们雾里看花。然而，正是那些海洋文明建立了真正的路权、帝国和制海权。在这些海洋文明中，有的渺小，有的强大，有的光芒四射，但它们都以各自的方式，在我们星球的每一片海洋上，书写了人类历史上的一页又一页。

我们一再强调，航海的技艺需要长期的积累，不能一蹴而就。航海需要精妙的技术诀窍和充分的耐心，它是口口相传的智慧果实，这个世界上，只有某一些民族、某一些文明才能掌握它。如果说有些民族，比如波利尼西亚人和维京人，利用航海技术驶向更远的远方，那么还有一些民族则在航海技术的基础上，建立了商业网络、海上势力和伟大帝国。这种民族在世界各地都有，大小规模不一。特别是在加勒比海域，在哥伦布发现新大陆之前的时代，这片海域上的交易被阿拉瓦克人和他们可怕的“表亲”加勒比岛人所垄断。得益于大型独木舟，阿拉瓦克人和加勒比岛人掌握了精湛的深海航行技术，他们彼此合作，势力范围从中美洲、南美洲、佛罗里达一直延伸到整个密西西比河下游盆地的海岸。在苏格兰海域，也有类似的现象，只不过规模更小一些。几个世纪以来，麦克唐纳家族的“群岛勋爵 ”利用他们的桦林船船队（一种大型的双桅战船）控制了一部分大西洋海域，通过与欧洲大陆之间的贸易来赚取利润。因此，在苏格兰的土地上，人们对海洋的看法是很正面的，且这绝非偶然。在他们眼中，海是生命的摇篮，那里有一个迷人的国度，居民是半人半鱼的生物，他们是一种特殊的牲畜——海牛们——的守护者，就像苏格兰人在陆地上守护着各种牲畜一样。

在世界各地，我们都能够找到类似的生存模式。某个民族、某个部落或某个氏族掌握了航海技术，然后强势地自封为其他陆地之间的贸易的中介人，他们将自己的法律强加于他人，从而建立了一个海洋帝国，拥有了制海权。从“我们的海”（Mare nostrum）[1]到印度洋和马来群岛，再到中国南海，我们看到许多海洋文明的蓬勃发展，他们的传说和先进的科学技术都非常耀眼，之所以如此，往往是因为海洋的运动和环境都非常特殊，它不但是海洋民族们的反思和新思想的来源，有时也

1 Mare nostrum 是拉丁语，按字面翻译，意思是“我们的海”，一般指的是地中海。

是更伟大的创新的源泉。

—— 我们的海 ——

地中海，我们的海，欧洲文明的摇篮。欧洲人这样称呼地中海，但却未必考虑得那么周全。诚然，他们承认希腊人的贡献，同样也崇尚罗马人的智慧，但却忽略了欧洲人的起源——米诺斯文明，以及给他们留下了字母这一宝贵遗产的腓尼基人。总之，欧洲人是由海洋铸就的文明的后裔。他们不仅在海边蓬勃发展，事实上，他们就在那里诞生。

残缺不全的历史

和全球其他许多海域一样，地中海也见证了一些依靠着它的群体、宗族和民族的繁衍生息与兴盛繁荣。人类最早的帆船遗骸在埃及被发现，可追溯至公元前3100年左右，但其实，人类对航海技术的把握，要比这个时间还要古老得多。在克里特岛普拉基亚斯古村落里发现的打磨过的石头，证明在公元前约13万年，米诺斯岛上就有人类存在。我们也知道，早在公元前7000年，黑曜石就是海上贸易中一种重要的交易对象，到了后来的青铜时代，独木舟发展成了一种带有船壳板的船，这种船具有更大的承载能力，短桨也升级为长桨，还用动物的毛发、植物的根茎和脂肪制成了填缝剂，避免船体进水。

但是，从根本上说，这种航海技艺的发展，以及船体越来越大的负载能力，在全世界范围内都是普遍存在的。时间和地点可能有所不同，但这种进步是一定会发

※ 阿克罗蒂里（Akrotiri）壁画，位于希腊圣托里尼岛南部的考古遗址，可追溯到青铜时代。

生的。最终，让地中海这片海域变得与众不同的是克里特岛，正是在这个岛上，出现了制海权，也就是统治海洋的权力。

如果没有海洋的存在，我们就无法理解和解释米诺斯文明的兴旺。其宫殿之富丽精致和其艺术之本身，都源于此。米洛斯文明的财富来自它对贸易的控制，作为为整个东地中海服务的船东，它指定了价格和关税，并且进行了垄断。没有别的文明可以在它眼皮子底下做生意。它控制了来自库施文明的阿富汗青金石、黄金、象牙和乌木，以及来自埃及的雪花石和鸵鸟蛋，更不用说从博斯普鲁斯海峡过境的各种金属、小麦和琥珀珍珠。克里特人远不满足于这种“货运代理”的角色，于是他们又在货物中加入了自己的产品——葡萄酒、橄榄油或香料油、藏红花。

大海不仅是财富的源泉，也会带来和平与安全。在米诺斯遗迹中，最引人注目的是我们没有发现任何军事建筑的痕迹，只有宫殿、房屋，甚至别墅，而没有堡垒、要塞或据点。虽然克里特岛孤悬海外，但它的地理位置并不能解释一切。作为一个岛屿，只有当你拥有能够摧毁对手的海军时，才能防止他者的入侵。如果我们翻阅修昔底德所著的《伯罗奔尼撒战争史》，会发现关于米诺斯文明，他是这样写的:“据我们所知，米诺斯是第一个拥有舰队的文明。”我们从神话传说中，找到了米诺斯军事力量的蛛丝马迹，雅典人每年都要向弥诺陶洛斯进贡七对童男童女，以供弥诺陶洛斯食用。

总之，海洋给予了米诺斯文明繁荣和安全，让一个丰富、精致、远远领先于时代的文明兴旺发达，比如说米诺斯的妇女具有很高的社会地位。有人可能会认为，米诺斯人在日常生活中过得实在太舒适了，简直不符合当时残酷的时代，那他们一定没有想到，米诺斯人甚至还有不少娱乐生活，比如拳击比赛和斗牛比赛，这些都证明了米诺斯文明的富足和无惧威胁，所以当物质需求被满足了之后，他们开始寻找更高的精神追求。由于米诺斯人有闲有钱，还时不时地与外族文明打交道，这就滋养了他们的艺术灵感，他们通过壁画、陶瓷和各种手工艺品表达他们的艺术灵感，这些手工艺品的创作遍布东地中海沿岸国家，甚至还包括西西里岛、伊特鲁里亚、马耳他和撒丁岛。这种成功不仅是由于经济原因——米诺斯艺术品的质量受到广泛好评，价格也让人很心动，最重要的是，当时其他文明都或多或少有着对“米诺斯生活方式”的迷恋。购买来自米诺斯岛的艺术创作，是对米诺斯人的生活方式的一种占有，也是将这种文明整合到自己文明中的一种方式，按照古代埃及人的说法，米诺斯文明这些“海上人”对其他文明的统治，既是物质上的，也是文化上的。

今天的我们，相信柏拉图在米诺斯的克里特岛上找到了他想象中的亚特兰蒂斯大陆的灵感来源，这绝非巧合。如果说两个文明（米诺斯和亚特兰蒂斯）的生活方式和发展是相似的，那么他们的陨落也是相似的。从海中诞生的米诺斯文明，最终葬身于海洋。公元前 1500 年左右，圣托里尼火山爆发，进而引发了大海啸，将米诺斯的舰队、海岸线冲垮，并吞噬了他们在埃及、腓尼基等商业网络中的所有港口。以以色列为例，据说当时的潮水已经波及距海岸 200 米的内陆地区，使这个“可用”的国家及其农作物遭到严重破坏。米诺斯文明从此一去不复返。

没有人能够想象，如果没有这次命运的打击，米诺斯文明的发展会如何。不过，当我们把视线转移到腓尼基人的身上，我们可以断定，这个文明还远远没有退出历史的舞台。

统治

腓尼基人是没有圣托里尼岛的米诺斯人。他们的文明发展没有被火山喷发打断，他们可以利用克里特岛的治理手段，统治整个地中海的物质和文化。

凭借着腓尼基人的聪明才智，他们可以点石成金。他们创建了多种类型的城

※ 腓尼基人在北非建立的、位于大雷普提斯市（Leptis Magna）的港口和商店。这是让 - 克劳德 · 高尔文（Jean-Claude Golvin）绘制的重建图，转载自米歇尔 · 雷德（Michel Redde）与让 - 克劳德 · 高尔文合著的《罗马地中海的航行》（*Voyages sur la Méditerranée romaine*），Actes Sud Errance 出版社，2005 年。

市，崇拜不同的神祇，他们的利益甚至可以是彼此冲突的。比布鲁斯、苏尔（Tyr）、赛达（Sidon）或者迦太基都可以被看作是同一个帝国，因为它们都对物质财富无比贪婪。他们的山上长满了杉树、桧树和松树，怎么利用？他们携带着木材前往埃及、美索不达米亚，帮助那里的人修建金字塔、寺庙和宫殿。他们的海岸线上，布满了骨螺，怎么利用？腓尼基人将其研磨并制成了紫色的颜料，迅速扩散到整个地中海流域。这些小钱可不足以让腓尼基人感到满意，他们总是试图让自己的利益最大化，甚至将目标转向更大的范围。紫色颜料能用来为衣服和毛毯染色，而木材能够用来打造各式家具。手工艺的发展也让腓尼基人开始追求精致的生活，要知道，在《圣经》中提到的、富得流油的俄斐（Ophir）地区（当然我们依然不知道它具体在哪里），人们用宝石来镶嵌首饰，用象牙来装饰各种器皿和家具，用金银来打造杯子甚至一整套精致的餐具，更不用说塞浦路斯的铜、安纳托利亚的锡以及埃及的亚麻。此外，还得再加上来自红海的贝壳（它们被用来打造脂粉盒子），以及来自萨巴的乳香——这是古埃及寺庙的各种仪式中不可或缺的一种香料。

腓尼基人不但是了不起的商人，也是伟大的航海家。从大约公元前 1500 年开始，他们就乘坐用芦苇制成的小船穿越幼发拉底河，将雪松运送到美索不达米亚南部。也正是他们，与希腊人一起，对青铜时代的船进行了改进，发明了桨帆船，最终发展出了三列桨座战船，这让他们在公元前 7 世纪至公元前 4 世纪间称霸地中海。腓尼基人的创新还不仅于此，迦太基人发明了能抵御海浪冲击的球状船首，称为“球鼻艏”，还有舵。此外，在他们的船坞中，还渐渐形成了标准化的生产方式。

这种永恒的创新精神源自完美的海上导航艺术，它使腓尼基人在任何时候、任何海域都能驾驭海上的船只，前往更远的远方。在星座的指引下——北极星在古代也被称为“腓尼基星”——腓尼基人不惧怕夜晚的波涛汹涌，更不惧怕探索未知，无论在红海还是在大西洋，他们都一样自在。

在所有关于腓尼基人的海洋远征的记载中，前往非洲的征程记载得最少，唯一的一次记录出现在希罗多德的著作中，他说，公元前600年左右的埃及法老尼科二世（Pharaon Nécho II）给腓尼基人下达了一个任务，让他们从东方绕过非洲海岸，由海格力斯之柱返回埃及。不管这个故事是真实的还是一个传说，这一情节本身就表现了当时的人们对腓尼基人——他们被同时代人认为是最伟大的水手——的尊重。在《圣经》中我们可以找到类似的例子，《列王纪》第一卷中，就记载了所罗门王命令苏尔的希拉姆一世（Hirom de Tyr）毫无保留地告诉他航海知识，以便他们发动去俄斐国的远征。

腓尼基人不仅为别的文明服务，他们显然知道如何让自己发展壮大，为自己更大的利益探索新的道路。正是对贵金属、琥珀，甚至是对制造青铜器至关重要的锡的追求，驱使腓尼基人踏上了未知的海上航线……于是，他们向西出发，试图从伊比利亚运回非洲的金、银、铜、铅，甚至越过海格力斯之柱，到达维纳特人（Vénètes）的地盘，运回那里的锡——公元前550年左右，希米尔科（Himilcon）到达了韦桑岛——他们可能想着要前往北欧国家去获取琥珀。非洲的海岸线也吸引着腓尼基人：在希米尔科之前的半个多世纪，汉诺（Hannon）[1]就曾经在大西洋上航行，他穿越了一条大河的河口，然后抵达了一片巨大的海湾——或许是现在的几内亚湾——然后回到了迦太基。当时他们就已经发现了加纳利群岛，不过他们很快就放弃了那里——当然这并不是重点，重点是腓尼基人的贸易帝国。

腓尼基人并不是为了追求探索而探索，为了追求创新而创新造船术。他们追求的是统治，把最有利可图的路线掌握在手中，以建立他们的商业控制权。是他们为

1　汉诺（约公元前5世纪—6世纪），迦太基探险家，因沿非洲西海岸的海上探索而闻名，然而只有希腊版的汉诺手记记载了他的旅程。今人研究其航线，认为他可能曾到达加蓬。

地中海注入了真正的活力，让地中海商圈活跃了起来。他们建立停驻点，发展海运线，与其他文明交流，在产品和客户之间建立联系，并且制定统一的规则。他们统治的基础是由米诺斯人勾勒出雏形的商业模式——同业联盟。殖民者们定居在殖民地，形成一个个据点，在地中海编织商业网和传播腓尼基文明的过程中，它们起到了相当重要的中继作用。他们也以这种方式占据了主导地位，他们的民族语言成了整个地中海流域的通用语，他们的字母也就成了欧洲的字母。在美索不达米亚的楔形文字和古埃及的象形文字等由上千个形意符号构成的语言系统之外，腓尼基人发明了一种与音节相对应的文字系统，他们由此得出了一个由22个字母构成的字母表。最后，腓尼基人给我们留下了他们的海怪传说，留下了他们对海洋的可怕设想，这么多的虚假信息，让陆上文明和他们那些容易受骗的竞争对手们不敢追随他们的踪迹，不敢对他们的航线产生兴趣。而古希腊人为腓尼基人的遗产又增加了一个新的维度——理性。

合理化

米诺斯人有海军，腓尼基人也有，但腓尼基人的海军更多的是为了确保其商业航线的安全和防范海盗，而不具有真正的军事目的。只要我们仔细观察当时的船只主题的画作，就能理解米诺斯人和腓尼基人确保海洋安全的必要性。我们发现，当时的商船都有着一个圆鼓鼓的腹部，只有一根桅杆，船尾有一根桨，由15到20名水手操纵，船后还必定拖着一艘小驳船以供水手们卸载或装载货物。总之，这样的

※ 古希腊三列桨座战船（有三排划桨者），公元前1世纪，来自提洛岛上狄俄尼索斯之家的涂鸦，由多米尼克·卡利尼（Dominique Carlini）船长在20世纪30年代研究绘制。

商船行动很慢，它既无法自卫，也无法逃跑，简直是海盗们的理想猎物。

希腊人也发展出了保护海上商业行动的海军，不过他们的海军又多了一个新的任务——通过武装冲突继续进行商业斗争。大约公元前 700 年，科林斯的阿米诺克勒斯（Ameinoclès）发明的著名的三列桨座战舰为希腊人在海上的军事行动增加了一骑绝尘的优势。与波斯人结盟的腓尼基人，在萨拉米斯岛被希腊人击败，他们的后代迦太基人则在希梅拉被击败。希腊人通过赋予制海权模式两个重要支柱来使其合理化：其一是商业优势，其二是军事优势。希腊人的制海权模式延续了好几个世纪，他们的世界观也是如此。

希腊人当然也是商人，他们在做生意方面的确很厉害，但同时，希腊人的航海旅行也为这个世界赋予了意义，航海也是他们了解世界运行法则和规律的一种手段。让我们暂且不把神话当作神话，波塞冬的故事就证明了希腊人的世界观，还有一个证据，珀尔修斯砍下了美杜莎的头颅，并把它们放在一层新鲜的海藻上，就变成了珊瑚。的确，希腊人是好奇的，他们渴望基于经验和理性来了解这个世界。

因此，当古希腊冒险家皮西亚斯（Phytéas）在公元前 4 世纪末穿越直布罗陀海峡进入北大西洋的时候，他主要是去寻找锡，幸运的是，他在康沃尔的矿井中发现了锡。此外，他也没有忘记写航行笔记，在他撰写的“海洋描述”和“航程”中，他收集了非常多的数据用来研究分析。基于这些数据，他着重指出了潮汐涨幅的差异及其与不同月相的联系，他描述了各地特有的动植物，记录夜空中星体的位置，甚至还观察到北大西洋的高纬度地区白天时长的惊人变化，乃至极昼和极夜。

海洋对于古希腊知识分子的探险生涯的重要性，我们怎么强调都不为过，海洋为他们提供了可以比较的要点、新的现实，在很多方面都起到了至关重要的作用。正是由于海洋的存在，我们生活的这个世界才逐渐成型：公元前 7 世纪的泰勒斯认为，地球是一个圆盘，悬浮在气体或液体的宇宙中，到了约公元前 500 年，巴门尼德和毕达哥拉斯就提出了地球是球状的，而这种认知上的进步要归功于古希腊人们大量的航海远行。古希腊先哲们收集和整理了各种观察、描述，哪怕这些叙述混合了他们亲眼所见的、自己推测的和道听途说的内容。而军事领导人则更看重数据的精确性，部队行进所需的时间是具有战略意义的，如果只有近似值，那么代价可能会很昂贵，所以必须有人去现场观察和测量。亚历山大大帝在征战四方的过程中，对于精确化数据做出了重要的贡献。他麾下的军官们，尤其是尼阿库斯，在军队横跨印度洋的时候，通过精确地定位夜空中的星星，提供了宝贵的数据。喜帕恰斯是世界上第一幅夜空星体图的绘制者，图中展示了恒星在地平线上的高度。埃拉托斯特尼则测量出了地球的周长，他得出的结论的精准程度令后人吃惊，毕竟在当时，古希腊人的统治覆盖的土地面积，只占了地球陆地表面积的25%。马鲁斯的克拉特斯（Cratès de Mallos）在他绘制的世界地图上，添加了位于南半球的土地——为了平衡南北半球的陆地数量。于是，到了18世纪，库克船长还在因为寻找著名的“未知之地”而三下太平洋……但我们并不应该取笑克拉特斯的草率，因为他当时已经在考虑从伊比利亚半岛西行至印度的路线，而后来的托勒密则继续了他的工作。托勒密是亚历山大图书馆的管理员，他展开了一项庞大浩繁的编纂工作，根据大量的旅行者的叙述来测量经纬度和距离——同时也考虑到了地形和气候等因素——最终他绘制出了一张世界地图，并将其分为26个区域，甚至包括了中国。

自亚历山大大帝崛起，中国和印度就一直吸引着西方人。他们知道中国和印度有很多财富，也有很多海上远航的经验，他们从亚历山大港出发，试图寻找中国和印度。的确，亚历山大大帝逝世之后的托勒密王国始终试图在红海沿岸建立自己的势力范围。托勒密二世在红海沿岸建造了米尤斯霍尔默斯（Myos Hormos）港，他的继任者托勒密三世，在如今的亚丁湾附近建造了阿杜利斯（Adoulis）港，在托勒密八世统治期间的公元前118年至公元前115年，基齐库斯的欧多克索斯成为第一个成功横跨印度洋的人，但这只是一部短暂的史诗。最后，是阿拉伯的航海家们掌握了红海和远东之间的联系，获取了最大的利益。

—— 印度洋：织就一条海上丝绸之路 ——

印度洋，本应掌握在一个以印度为核心的海上霸主手中。因为这片大洋实际上是一处半封闭的海，或者说是亚洲的“地中海”。在印度洋这片水域上，只有三扇“门”可以让船只进出（它们也可以在适当的时候变成万夫莫开的关卡），通向“可用”的外部世界：亚丁湾通向埃及和地中海，霍尔木兹海峡通往美索不达米亚，马六甲海峡通往中国。印度洋以西，必须要跨过好望角才有可能前往新大陆，而印度洋以东，是浩瀚的太平洋，隔绝了其他大陆，形成了一个巨大的真空。于是，印度就成了这块版图的中心。印度丰富的自然资源吸引了西方人，他们按照季风的规律出发寻找印度——在冬天季风从东往西吹，在夏天季风从西往东吹。只不过，当阿拉伯人来到印度洋的时候，印度水手们就主动放弃了这片海域……

当印度人被留在了码头

我们想象中的印度，应该是一个以印度帝国为核心的广阔大陆，一直到海岸线为止。然而，在古罗马时期，印度洋上的大宗贸易掌握在了波斯人手中，当然，印度人也分了一杯羹，这时的印度人主要是佛教徒。婆罗门教的复兴导致了轰轰烈烈的灭佛运动，同时重新开启了禁止远航的海禁，印度人航行印度洋的传统就此终结。

印度美索不达米亚是公元前 2600 年至公元前 1700 年之间在印度河畔建立的文

明，与古埃及文明、苏美尔文明和阿卡德文明同一时代，但几乎没有留下什么遗迹。当然，这一古文明留下了曾经存在的证明，但今天我们依然没有破译这些考古遗迹，比如摩亨佐·达罗遗址和哈拉帕遗址（Harappa），不过，有一件事儿是可以确定的，这一古代文明是以一群商人和长途行脚商人为基础形成的。当时的人们在洛塔修建了一个带有码头的船坞，附近还有仓库，与港口城市的样子已经很相像了。来自洛塔的船只向美索不达米亚运送了一系列的手工艺品，证据就是在当地和现今伊拉克境内的考古遗址中，都发现了公元前2300年至公元前2000年的印章，另一个证据是在苏美尔人留下的文字记载中提到了梅卢阿（Meluhha），指的就是印度河流域的城市。从印度运来的珍贵宝石，金、银和象牙制作的精美饰品，还有棉花和宠物，成了底格里斯河和幼发拉底河沿岸富裕阶层追捧的珍品。

虽然这个古印度文明后来神秘地消失了，但印度人与海洋的联系并没有因此而中断，反而在孔雀王朝时期（公元前4世纪至公元前2世纪）突然大规模增加了。国王旃陀罗笈多创立了一个水道部，而他的孙子阿育王则通过海路向希腊、叙利亚、埃及、昔兰尼、马其顿和伊庇鲁斯派出了外交使团。孔雀王朝与西方之间的贸易十分发达，关系如此深厚，以至于阿育王的父亲宾头娑罗国王甚至可以向塞琉古帝国的皇帝安条克四世下了一份“甜酒、无花果干和一位智辩师”这样详细且内容多样的订单。即使罗马帝国崛起，也没有影响西方世界与印度的关系：皇帝在罗马境内设置了至少六个外交使馆负责与印度的联系。历史学家斯特拉波提到了其中首个大使馆，由印度潘地亚王朝的国王授权，经过皇帝奥古斯都的批准，该大使馆于公元前约20年落成于雅典，其他的几个大使馆则分别由克劳狄一世、图拉真、安敦宁·毕尤、尤利安和查士丁尼一世这几位皇帝批准建造。按照老普林尼的说法，每年罗马帝国都要花费近百万银币购买来自印度的商品。确实，除了葡萄酒和陶器之外，西方人也没有什么别的东西能够吸引东方人了，但东方人的一切西方人都很喜欢，比如香料、香水、宝石、精美的布料，甚至还有罕见的动物——如猴子、鹦鹉、孔雀就很受古罗马贵妇们的追捧，总能卖个好价钱，它们也是马戏团表演中必不可缺的动物。

这种贸易失衡解释了为什么许多罗马人宁愿不通过中间商直接前往印度甚至中国去交易。由于当时的人们对季风的规律有着足够的了解，所以海上远航在技术上成为可能。季风又被称作"希伯勒斯之风"，希伯勒斯（Hippalos）是一位希腊航海家，他在约公元前60年撰写了《厄立特利亚海航行记》（*Périple autour de la mer d'Érythrée*）一书，这是一份名副其实的导航手册，他告诉水手们在夏天离开红海，然后到了冬天，季风转向，他们再从印度的马拉巴海岸返回。斯特拉波很快注意到了这一变化："彼时，加卢斯担任埃及行政长官，我去埃及找他，沿河而行，一直来到阿斯旺，抵达埃塞俄比亚的边界，这时我恰好得知，他从米尤斯霍尔默斯港口出发，带领着120艘大船前往印度，而在托勒密王朝时期，这一地区只有不到20艘船敢穿越海洋前往印度进行贸易。"几乎每天都有一艘船离开埃及前往印度，船上载满了铁、铅、酒、珊瑚、玻璃、金银硬币、橄榄油，而返回罗马的时候，他们带回了香料——黑胡椒、姜，以及象牙和丝绸。马可·奥勒留甚至曾经向中国派出了大使，这一情节在《汉书》中有所记载，这也让托勒密的地图进一步得以完善。

然而，尽管古罗马与印度联系不断，但印度洋的大宗贸易仍然掌握在波斯人和印度人手中。这其中当然有技术原因，印度人始终掌握着海上的路线，并且开发了一些特殊的资源来保证航行，比如携带鸟类上船，以探查最近的海岸线。但这也与他们对海洋的向往有关，印度人对海洋的热爱反映了他们所信仰的佛教的宇宙观，即四大洲形成了环形的围墙，中间围绕着原始海洋。

古代印度人对海洋的积极看法，在7世纪初随着婆罗门教的复兴而发生了改变，从那时起，海禁也被恢复了。虽然并没有明文书写，但印度教对海洋始终抱有

※ 一条印度食鱼鳄的画像，16 世纪的绘画。

消极的印象，摩诃旃纳卡（Mahajanaka）王子在海上的苦难经历也证明了这一点：为了获得足够的钱重新征服他失去的国度，他开始乘船进行贸易。然而，海上路不是好的致富路，梵文作品中着重强调了海上旅行是一种严重的罪过，因为这很有可能使水手们因为吃了不虔诚的食物或见到了不虔诚的人而受到精神上的玷污。“禁止航海”的限制越来越严苛：跨越“黑水”（即出海）可能会导致一个人被他所在的社区驱逐。至此，这场贸易游戏已经没有什么进行下去的必要了，人们转而依靠那些外国的社区，比如马拉巴尔的犹太商会和基督教商会。印度人被留在了码头，而伊斯兰民族崛起了。

当游牧人变成了水手

阿拉伯人最初起源于贝都因人，这是一群沙漠中的人，离海洋很远很远。不过，内夫得沙漠和鲁卜哈利沙漠都可以被看作点缀着“岛屿”的沙海，这些“岛屿”就是沙漠绿洲，贝都因人在沙漠中寻找绿洲，就像航海者在海上寻找航向一样，都需要借助星空来导航。

在巴格达和大马士革的学者们笔下，大海被描述为一个充满敌意的世界，印度洋的海岸充满了可怕的生物——能吞下大象的巨蛇，国家由猴子统治，人类成了奴隶……这些都掩盖了阿拉伯-穆斯林文明的真正面貌，它不但是一个陆地文明，也是一个海洋文明。以《一千零一夜》为例，《渔夫和雄人鱼》（*Abdallah de la terre*

※ 哈瑞斯（Al-Harith，加萨尼王国的一位国王）与阿布·扎伊德（Abu Zayd）在印度洋上。文字部分是哈里里（Al-Hariri）创作的“玛卡梅”（Al-Maqamat，一种类似诗歌的文学体裁），细密画，来自伊拉克，1237 年。

القرآن ثم قرأ بعد أساطير تلاها وزخارف جلاها وقال اركبوا فيها بسم الله مجراها
ومرساها ثم تنفس تنفس المغرمين أو عباد الله المذكرين وقال أما أنا

et Abdallah de la mer）和《巴德尔·巴西姆国王与萨曼达尔国王的女儿的婚姻故事》（*L'histoire du mariage du Roi Badr Bassim avec la fille du Roi Samandal*）这两篇故事，让我们看到了一个天堂般的海底景观：那里既有人类，也有海洋生物，还有丰富的珠宝，就像一个由海洋苏丹统治的伊甸园。《一千零一夜》中，还有一种可怕的海底怪兽，叫丹丹（Dandan），不管是什么经过它面前，这怪兽都能一口吞下，但它却害怕人类，因为人类的肉对它来说是致命的。

《一千零一夜》中还有赫赫有名的水手辛巴达，辛巴达的海上冒险是基于一个真实人物的经历，即艾哈迈德·本·马吉德（Ahmad ibn Mājid），他是《航海原则和规则实用信息手册》（*Renseignements utiles sur les bases et les principes de la science nautique*）的作者，被认为是一位航海大师。阿拉伯人是了不起的水手，凭借着他们发明的阿拉伯帆船——一种只用棕榈纤维制成的绳索组装起来的木板船，没有任何钉子——就统治了整个印度洋上的所有海上交通，并让来自波斯湾的商人取代了犹太商会和基督教商会。

这一切是先从东非海岸开始的，来自红海和亚丁湾的商人们顺着季风的方向，驶向印度海岸：冬天季风向南吹，夏天的信风则往东北吹。商人们驾驶着航船，载回了印度的香料、乳香、阿拉伯的布料、中国的瓷器，还有赞比西河谷的金子和铁，以及开采伊朗硝石矿或抽干伊拉克沼泽地需要的奴隶。后来，近东和中东地区的宗教战争导致什叶派移民，他们重新定居在从索马里海岸到赞比西河的岛屿或半岛上。随着时间的推移，这些斯瓦希里人或者说这些“海岸人民”在与当地人结合以及一种新语言（班图语和阿拉伯语的混合产物）的基础上发展出了一种文明。沿着这些海岸，一连串的城邦被建立起来，南方的城邦试图通过在赞比西河口设立贸易站来满足日益增长的黄金需求，而北方的城邦则转向与印度的贸易，这个伟大的东方文明正吸引着越来越多的人。

随着罗马帝国的衰落、伊斯兰教的扩张，一个新的贸易中心出现了，那就是阿拔斯王朝的巴格达。这个城市将底格里斯河与波斯湾连接起来，在王朝第五代哈里发哈伦·拉希德的统治之下，汇集了来自中国的丝绸、肉桂、纸张、墨水和陶瓷，源于印度的檀香木、黑檀木和椰子木，以及从阿曼湾捞取的珍珠。大量的货物流动自然而然地驱使着阿拉伯人一次次扬帆远航，前往原产地与当地商人交易，从而使自己的利润最大化。马拉巴尔海岸很快就成了仓库和集镇的所在地，来自亚丁湾、阿曼和中国的商人，以及来自苏门答腊和马六甲的中间商们都聚集在了这里。阿拉伯商人发挥了自己的优势，信仰印度教或耆那教的商人将基督教和犹太教的商人赶出了马拉巴尔港和科罗曼德港，而中国人则退到马来半岛的港口，在不久的将来，这个地区很快会有商人们纷至沓来……

马来群岛最初是南岛民族的地盘，也就是起源于波利尼西亚的先民们的一支后裔。因此，马来人民的神话传说具有一些与其他太平洋民族的神话传说相同的特点，这绝不是巧合。古代马来人认为，海洋有一个中心，被称为“海洋之脐”，这是一个无底深渊，世界上所有的水、河流、海洋甚至银河都流入其中。“海洋之脐”旁边，有一棵茂盛、巨大的芒果树，树下隐藏着一个洞穴，里面住着那只我们熟悉的巨大螃蟹。螃蟹进出洞穴造成了海水的流动，从而形成了潮汐。但是，如果马来群岛不曾是海上贸易的十字路口，那它就不会是现在的马来群岛了。它不但是海上航线与货物财富的交汇之所，同样也是各种神话传说交融的十字路口。起源于南岛民族的传说糅合了来自印度和希腊的元素。于是，“海洋之脐”成为从印度万神殿中逃脱的危险怪物的藏身之地，比如迦楼罗，这是一群恶天使，一群由成千上万的恶灵组成的黑衣卫，他们传播疫病、水灾、潮汐、旱灾以及成群的食米虫。在马来神话中，也存在着本土化的那伽传说。在印度神话中，那伽是居住在地下世界的蛇人，但在马来神话中，他们则生活在海底世界。那伽是海洋之王，是美人鱼的丈夫、公主的养父，他住在海洋中心的一座水下宫殿里。宫殿上方的海洋之上，有一座小岛，上面种满了魔法芒果树。马来人的传说中还有亚历山大大帝的存在。说实在的，亚历山大大帝的传说存在于他军队的铁蹄踏上的每一方土地，其中最常出现的场景是亚历山大与玻璃潜水钟的故事。马来语的史诗《亚历山大大帝》(*Iskandar Zulkarnain*)就讲述了这件事：亚历山大大帝掉到了一个深渊里，上帝派了一条大鱼给他送来了玻璃钟罩，亚历山大大帝躲在了这个透明的罩子中，游历了马其顿帝国的海底世界。在其他版本的传说之中，亚历山大大帝被一条美人鱼吸引，离开了这个玻璃罩，美人鱼亲吻了他，从而赋予了他在水下呼吸的能力，所以他没有溺水，亚历山大大帝与这条美人鱼结了婚，后来他决定，骑着一匹长有翅膀的马离开海底世界，这时，他的美人鱼妻子已经给他生了三个儿子，其中之一就是桑·乌他马(Sang Utama)，他正是新加坡王国的创始人。

马来群岛的繁荣与它的两个财大气粗的邻居的扶持脱不了关系，其一是孔雀王朝时的印度，其二是秦汉时期的中国。当时马来群岛作为这两大巨头的贸易往来的中间商，负责安排货物的运输，就像三佛齐拥有制海权那样，借此获得了丰厚的佣金，实现了利润最大化。彼时的三佛齐是一个君主制国家，由大君领导，三佛齐的繁荣得益于航海家们的活跃，他们通过马六甲海峡开辟了一条印度和中国之间的海上航线，取代了之前通过克拉地峡过境的陆上线路。朱罗王朝(Chola)是由泰米尔人建立的王朝，在它衰落之前，曾有着50年的辉煌繁荣，1025年，它发动的一次突袭结束了它的霸主地位，导致了衰落的开始，最终，来自满者伯夷(Majapahit)的爪哇人摧毁了王朝的都城。朱罗王朝的幸存者们定居在了马六甲，当时那里还是一个小渔村，他们皈依了伊斯兰教，在马六甲建立了城市，后来成为印度与爪哇之间重要的贸易中心，他们还开辟了前往摩鹿加群岛的航线，那里生产的丁香和肉豆蔻被源源不断地运来。随后，这座城市的势力范围扩展到了马来半岛的大部分地区、廖内群岛以及苏门答腊的中部和东部沿海地区。马六甲的情况并非是独一无二的，其他的港口构成了这些苏丹国家（即伊斯兰国家）的核心，它们的影响力辐射到马来群岛的大部分地区。亚济（Aceh）控制着胡椒的贸易，成为穆斯林世界与印度的胡椒贸易的枢纽，文莱创立于1522年，特尔纳特苏丹国（Ternate）和蒂多雷苏丹国（Tidore）则是在16世纪初创立。在爪哇岛上的万丹苏丹国（Banten）是大型的胡椒贸易港口，自16世纪50年代崛起，阿拉伯人已经进入了马来群岛，下一步就是中国。

伊斯兰世界与中国和印度之间的贸易关系由来已久：851年，一篇题为《与中国及印度的往来》的阿拉伯语文章开始流传，描绘了一条从波斯湾到华南地区的香料运输的最古老的路线。阿拉伯人驾驶着他们的帆船，从希拉夫（Siraf）出发，船上载满了玻璃制品，他们要前往西印度的港口，在那里装上中国人喜欢的香料，然后等着季风吹起，将他们的船送到广东，在完成交易之后，装满一船的漆器、丝绸和瓷器回家。这样的一个海上来回是真正意义上的远航，航海家们需要花四年的时间才能在红海和马六甲之间完成一次来回，而如果他们要去的是华南地区，则需要六年。这就解释了为什么阿拉伯商人曾经在中国广东建立起了若干个小小的聚居区——早在8世纪，广东就有了清真寺；而在泉州，则有六七处礼拜场所。几个世纪之后，阿拉伯商人将会牢牢控制住印度洋上的所有海上交通，当然，这也得益于印度和中国退出了制海权的争夺。

中国人的海上磨难

中国附近的海域多为浅海，散布着岛屿和沙洲。通常情况下，中国人的海上航行并不惊心动魄，他们顺着相对稳定的海风，沿着海岸线行驶。所以，早在战国时期（公元前 5 世纪至公元前 2 世纪），在山东、辽东和东北的海岸线上，海上航行已经蓬勃发展。在汉代，中国人抵达了朝鲜和日本，甚至试图从雷州、广东和合浦出发，前往马六甲——中途在新加坡停靠。除了东方的海岸线，中国南方还有绵长的海岸线，那里有大片的浅滩和港口，通向未知的冒险、浩瀚的公海和宋朝（10 至 13 世纪）的疆域。

在宋朝，出现了某种“文艺复兴”的迹象：现代农业的发展和手工业的发展，使得人们能够生产大量的用于出口的纸、漆器、瓷器以及丝绸等奢侈品，更不用说在黄河和长江沿岸建立的港口和码头，让河道航运更顺畅，连通内陆各个省份，从而进一步促进贸易的发展。各个海港也开始繁荣起来，为了方便船只进出，唐朝时出现的灯塔在宋朝被广泛地安装在各个港口，用来指示海岸、礁石和暗礁。此后，山东、浙江、福建和广东都大量开放了港口，接纳了来自大越、婆罗洲、爪哇、印度、中东、日本和朝鲜的商人。国家和私人大宗贸易商一样，都不满足于在家门口的这点小生意，而是依靠着他们远远领先于时代的造船艺术和航海科学，驶入海洋。

宋朝时期，中国人拥有众多大小不一、类型各异，适应特定地区、海岸或需求的船只。大致说来，因为北方多浅海，所以北方的船采取的是没有龙骨的平底大船的形式，因为南方的船要在浅滩极多的海域行驶，所以在 9 至 11 世纪之间，出现了深海戎克船。中国人通过观察鸭子凫水得到了灵感（就像西方人从鱼的身上获得了灵感）而设计出的这种船，是通过滑动前进，而不是像球鼻艏那样通过分开前方的水域前进的。这种船的船首和船尾都是矩形的，船体看起来像是一个带有水密舱的大型空心半圆柱体，并且是平底，没有龙骨，因此漂浮性很强。为了防止船体过度漂移，人们很快在船上装配了垂直轴舵，当前往公海航行时，还要再加若干个副舵，每个舵上固定着两条船桨。人们用巨大的石头当作锚，船上竖起三到四个桅杆承载的由小竹片编织而成的帆，这种风帆便于快速折叠，还可以根据风向自己定位。我们还必须要提到著名的桨轮船，早在5世纪，桨轮船就出现了，而到了宋朝，桨轮船被大量地用于军事用途，并且在1161年宋朝与金人的唐岛之战和采石之战中发挥了决定性的作用，由于被用于军事用途，所以有的桨轮船上甚至每侧装配了12个轮子。不过，这些船的用途也十分有限，在民用领域，它们仅仅用来拖曳。因为在公海上，没有其他船比戎克船更好用的了。

※ 宋代的桨轮船（10至13世纪）。

宋朝的戎克船配备了从罗盘到海图、水砣等一整套导航仪器。指南针是由磁铁矿制成的，早在公元前，中国人就知道了磁铁矿的磁性特征。公元前3世纪，秦始皇修建了阿房宫，阿房宫的北门被称为“磁石门”，这是一扇带有磁力的门，据说，它曾经把侵略者的武器都吸了过去……1063年，沈括在《梦溪笔谈》中首次完整地描述了指南针的制作方法，不到一个世纪之后的1119年，朱彧在《萍洲可谈》一书中首先提到了航海罗盘的用法。

海上的导航，除了需要罗盘之外，还需依靠星座，从12世纪开始，作战用船上都配备了“望斗”，这是一种观察管，用来瞄准北斗七星的位置。宋朝人知道如何利用水砣来探测海水的深度，水砣的底部往往被涂上了蜡或牛油，这样可以采集到水底的样本。宋朝人也通过观测潮汐和风向来判断海上的情况，虽然这两种做法都缺乏科学严谨性，但在《大元海运记》（关于海事观测的合集，海洋航行的工具书）一书中还是非常详细地写出“如果早春雪花连续飘落不间断，就会有连续四个月的暴风雨”“如果落日像糖饼一样呈红色，就不会下雨，但要小心有可能的狂风”……

不过，不同书中的记载也有所不同。12 世纪，在一位被宋朝派遣至朝鲜的使臣徐兢所著的《宣和奉使高丽图经》一书中，就非常精确地描述了他这一路所走的路线，包括所有的海岸、航道和岛屿。书籍恰好构成了宋代“文艺复兴”的重要元素之一：10 世纪，在四川和长江下游地区普遍使用的木版印刷术，确保了书籍发行的低成本，让各类图书和地图通过全国各地的学校、书院和图书馆得到大规模的传播。

中国人制图的历史十分悠久。早在三国时期，裴秀就绘制了《禹贡地域图》18 篇，他通过长方形的网格来绘制地图，因此从图上可以通过测量直线和曲线计算距离；而唐朝的贾耽则完成了一幅唐帝国地图，图中的一指长度代表着 100 里，也就是 50 千米。到了宋朝，人们又更进一步。979 年，乐史所著的《太平寰宇记》出版，这是一部长达 200 章的地理百科大全书，20 年后，宋准出版了《诸道图经》，全书共 1566 章，由在他治下的各个地区的长官奉命绘制的区域地图综合编纂而成。

宋朝人拥抱海洋的态度，也在王朝初立时就有的海战艺术中得以体现。宋太祖建立了一支常驻水军，还挖掘了金明池来开展水军训练，其中一支精锐部队被称为“水虎翼”，就驻守在金明池边上。宋太祖还推动了军事工厂的出现：他在冀州建立了一个军事造船区，在潭州创建了一个冶金造船中心。

在 100 多年的时间内，宋朝建立了 86 支海军、4 支海防部队、8 个造船厂和 3 个海军仓库，还有 1 个训练中心。根据任务的不同，宋朝水军的船只已经呈现出多样化：巡逻艇紧挨船尾包裹着新鲜牛皮的冲击战舰，战舰两侧设置多个卡槽以安置弓弩，多个洞口方便出矛；塔船有三层甲板，上面设置了掩体、弩窗、矛孔和投射器，还有熔化的铁水，塔船的速度堪比拥有许多划手的赛艇，因此威力惊人。正是

※ P98：中国帆船（戎克船）。宣纸画（19 世纪）。

这支海军，在南宋与金人和后来的蒙古人作战的过程中力挽狂澜。1161 年的唐岛之战中，当金人的水军以为他们可以从海上攻下临安的时候，反而大败于南宋，而草原上的骑兵——蒙古人，则要等到 1275 年，冒险在瓜洲击溃宋朝的水军，才赢得这场战争的胜利。

但是，在南宋覆灭之前，还是为后人们奠定了其赖以生存的海上统治的基础。正是在宋朝，中国的势力进入了印度洋，甚至波斯湾。当马可·波罗从中国返回欧洲时，他是乘船的，这支船队由 13 艘大船组成，每艘船需要 250 名船员操纵。马可·波罗惊奇地发现，他所到之处，都有华人的社区，在苏门答腊，在占婆，在锡兰（即斯里兰卡），宋朝的遗民们在这里繁衍生息。50 年之后，学者伊本·白图泰同样看到了如此壮观的奇景，配置了 600 名水手和 400 名士兵的中国大船给他留下了深刻的印象。

※ 张择端《清明上河图》（13 世纪），这幅画表现的是宋代的日常生活，其中以其对船只的精确绘制而闻名。

元代以后，在明朝的统治下，中国海军得以继续发展。明朝人发明了配备葡萄牙佛郎机炮的“蜈蚣船”，蜈蚣船就像一艘气势汹汹的“母舰”，它能够正面攻击对方，甚至撞向对面船只以便将其彻底摧毁，船员们则可以在此之前乘坐跟在“母舰”身侧的“子舰”迅速撤离。当时人们还设想了“双子船”——船体可以一分为二，从两翼攻击敌人——以及“关联船”，前半部分的船装满火药，直接撞向敌人的船，后半部分的船则及时与前半部分断开用以逃生。

但所有这一切都像是一颗走向灭亡的恒星的最后一闪。宋王朝本可以控制海洋，它具有技术、品位、人才，但命运却并没有给宋王朝机会，而是让它将海上势力全部撤回了陆地……

在陆地与海洋之间

※ 一条泰坦扳机鱼。摩尔雷亚，法属波利尼西亚。

地图之战

一个陆地帝国是由领地构成的，而一个海上帝国则由海浪组成，这说明了一切。航海者依靠日航标和罗盘玫瑰在海上讨生活，而陆地人则一直在找寻适合自己的应许之地。13 世纪至 16 世纪，航海用的罗盘地图构成了西方世界最初的一批精确且详尽的地图，但它们后来被渐渐抛弃了，因为每个国家或帝王都希望拥有能够满足他们自豪感的地图——我们总是想要了解我们治下的全部疆域。

—— 理解 ——

毫无疑问，从很久很久以前开始，人们一直有这样一个想法，就是将这个世界用一张地图绘制出来，也就是用人类的方式来展现这个世界。目前已知最古老的地图之一，是在西班牙纳瓦拉的阿邦茨洞穴中发现的，这幅地图被刻在一块石头上，可追溯到公元前14000年。当然古人还留下了其他的地图，只是年代没有那么久远，比如，美索不达米亚人在公元前600年将他们对世界的看法雕刻在了泥板上，在他们的理解中，他们取代了巴比伦人，成了被水环绕的碟形世界的中心；古代中国人也有这种以自我为中心的世界观，只在地图上画下了中华的疆域，比如在湖南马王堆出土的公元前168年的古老地图；而罗马人的地图，则体现了他们的军事野心，基本上勾勒出了帝国内部纵横交错的道路。

地图，在成为一种对世界的合理化呈现之前，实际上表现的是一个文明对世界的想象，比如著名的TO地图（Terrarum Orbis），将世界分成了以耶路撒冷为中心的三个部分，每个部分之间由海水隔开。根据传说，希腊人的知识随着蛮族入侵而失落了，但有些细节还是要厘清：有一些元素是在迁徙过程中失散了，但大部分是被主动放弃的。欧洲并没有因为罗马的衰落而陷入黑暗的时代，而是致力于建立一种新的世界观，一种基督教的视野，这种世界观在当时的地图上有所体现。如果说希腊人用符号学和几何学来描述世界，那么对于基督教来说，重要的是“上帝的话语”。物质世界只是它的反映：太阳代表基督，月亮代表教会，教会反映了上帝，正如月亮反映了太阳。于是，几何学在绘制地图的过程中就成了次要的、可以道听途说的事物，但这并不意味着人们忘记了之前取得的进步。约翰内斯·德·萨克罗博斯科[Joannes de Sacrobosco，又名让·德·霍利伍德（Jean de Holywood）]所著《天体论》（*Traité de la sphère*），就证明了人们还是普遍接受了“地球是球状的”这一观点，从13世纪至17世纪，这本书都是大多数欧洲大学的天文学教材。然而，地球的运动又让人们犯了难，因为《约书亚记》，特别是第十章的第12和13节，不允许人们设想地球的运动。于是，TO地图应运而生，这是一种基于对《圣经》的字面解读而出现的地图，特别符合《创世记》的第九章：诺亚的儿子们分享了整个世界的治理权。根据TO地图，世界被分为了三个大洲，其中含姆（Cham）分到了非洲，闪姆（Sem）分到了亚洲，而雅弗（Japhet）分到了欧洲，一条环状的海洋将三块大陆围在中央——这或许是来自古代巴比伦人的记忆。一个字母T的形状将三块大陆分开，代表着三位一体，也就是十字架，而耶路撒冷就在世界的中心。在12世纪，这些TO地图在形式上的发展已经趋近于完美，但它并不能满足人们的各种需求，无论陆地商人还是水手们都不能感到满意。

—— 出行 ——

TO地图在确定路线方面确实没有什么用处，但由于人们对朝圣和十字军东征的需要，确定路线变得越来越重要。如果说，过去的陆地路线和海上航线一样，长期以来都按照具体的需要而口口相传，那么12世纪繁荣的商业则催生了另一种需求——商人需要行商的方向，需要有具体的数字路线。而现有的地图，即使我们不算上TO地图，显然也是不理想的。当然，古代也是有所谓的“导游书”的，比如《圣地亚哥－德孔波斯特拉朝圣指南》（*Guide du pèlerin à Saint-Jacques de Compostelle*），这本书记录了朝圣路上可选择的、物美价廉的住宿和药店。此外，

※ 约翰内斯·德·萨克罗博斯科所著《天体论》一书中的插图（13世纪）。

※ 高蒂埃 · 德 · 梅斯（Gauthier de Metz）所著《世界的形象》（*L'Image du monde*）中的 TO 地图（12 世纪）。

各种面向商人的“手册”和“实践”也提供了影响货物交易的港口税信息，但并没有提供行程信息。长久以来，商人们的地理知识是由他们中途停留的停靠点以及停靠点之间的各个阶段，而不是基于空间构成的。也就是说，对于商人来说，最重要的是知道从一个小镇到另一个小镇需要多少天，他能否在当地找到住宿的地点，等等。当大宗贸易开始兴起的时候，人们的需要也就发生了变化。人们想知道更具体的路线，包括距离、天数等详细的数字。15 世纪的“布鲁日线路”（当时布鲁日是一个交通中心）汇集了贸易路线和朝圣路线，相对而言还算是比较精准的：从布鲁日到巴比伦，按照布鲁日路线的建议，应该先前往大马士革或耶路撒冷……

确实，最实用、最具有创新性的世界地图来自海上，那就是罗盘地图。罗盘地图的出现当然也是源于人们的需求，水手们靠近海岸线后，必须沿着海岸航行才能到达目的地，因此他们需要了解海岸线、它的日航标和它附近的礁石。这也就是为什么，在“布鲁日路线”出现大约两个世纪之前，就出现了罗盘地图，它正是三重意义上的制图革命的起源。第一重意义是罗盘地图摒弃了所有的象征意义，人们画在地图最顶端的，不再是东方的耶路撒冷，就像 TO 地图中所画的那样，而是一个可以被随时随地验证的方向，一个可以被北极星和指南针指出的方向——北方；第二重意义是地图中只绘制水手们感兴趣的内容，陆地不再出现在地图中，只有大片的海洋。中世纪的世界地图绘制当然已经取得了一定的进步，比如埃布斯托夫地图（Carte d' Ebstorf）和赫里福德地图（Carte de Hereford）都放弃了古代的命名法，但是它们依然没有画出想要表达出的空间。这就是中世纪世界地图的局限之处，它永远将陆地画在中心的位置，而漏掉了边缘地带，但对于罗盘地图来说恰恰相反，海岸线对它们来说是最重要的，因为这能帮助水手们定位、到达港口和锚地。罗盘地图不但画出了海岸线，还画出了具体的行程路线。

罗盘地图的第三重革命意义是，它画出了风线图，也就是如后图所示地图中的直线网络，风线图有助于我们构造空间结构。虽然罗盘地图没有给出确切的数值，但它以最大限度精确地指出了方向和海角。领航员通过参考这些直线，能够精准地从一个方位转换到另一个方位，直到抵达目的地，所谓方位，指的是原始罗盘 16 个方向之间的角空间。参照罗盘地图上的定位标记，领航员可以知道行进路线的角度、一天之内要走的距离、每一个小时内行进的具体距离。总之，他知道自己的方

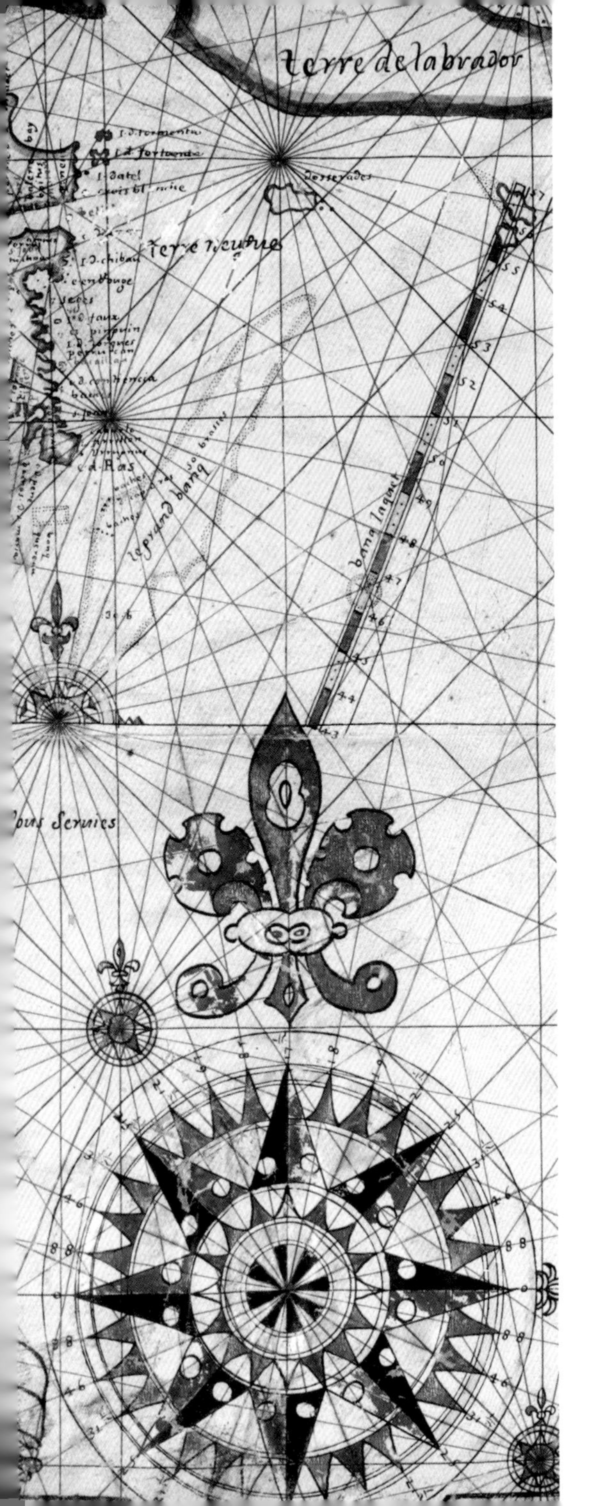

向。此外，这些罗盘地图通常还附有一本小册子，这是一本说明手册，描述了各条海岸线的情况，以及说明如何在特定的区域内航行。

我们能够发现，罗盘地图之所以这样好用，是借助了指南针。指南针从东方传到西方世界的时候，它的外形只是一根稻草上插着一根针，而欧洲人极大地改进了它的功能。指针被固定在一个枢轴上，装在一个小盒子（意大利语称之为 bossola）里，以枢轴为原点，划分了 16 个象限，然后又进一步划分出 32 个象限。尽管指南针不能就当下的情况给出具体的定位，但它至少显著地改善了航位推算，因为它提供了评估船只平均方向的可能性。虽然从 14 世纪开始，我们就知道了地磁偏角的存在（也就是指南针指向的不是正北），为了纠正这种角度的偏移，人们使用了三角函数表，但这一方法只在中纬度的地区有用，比如地中海，在其他地方，只要无法测量经度，我们仍然不能确定航向。地磁偏角的存在也不是没有给我们带来过麻烦。比如，1505 年，一艘葡萄牙的

※ 丹尼斯 · 德 · 罗迪斯（Denis de Rotis）绘制的《北大西洋地图》（*Carte de l'océan Atlantique Nord*）中的部分，图中的线条代表风的方向。

船靠了岸，船员们以为自己抵达了刚果海滩，但另外一艘路过的船上的船员告诉他们，他们其实到达的是莫桑比克海岸。

最初的罗盘地图是在热那亚、威尼斯、比萨和加泰罗尼亚等地被绘制出来的。目前发现的最古老的一张罗盘地图被称为“比萨地图”，可以追溯至13世纪末，这张地图上没有内陆的标记，只绘制出了海岸线的形状并标注了港口的名称。港口确实是必不可少的，那是我们收集信息、开拓新视野的地方。比如，热那亚人、马赛人、加泰罗尼亚人就曾在锡吉勒马萨（Sijilmase）、突尼斯、波恩和的黎波里学习了许多新东西，这让他们开始想象非洲大陆，想象着那里的黄金之路，并且开始梦想着通过海上路线去发掘这些财富……

——梦想——

一张地图不仅仅画出了世界的表象，也反映了一个民族或一个城市的雄心壮志。因此，热那亚、马略卡岛、里斯本依次成了中世纪的航海地图制作中心，这绝非偶然。圣乔治共和国、西班牙、葡萄牙三国都野心勃勃，想要开疆拓土。在罗盘地图的设计方面，有两个流派脱颖而出：一个是意大利流派，这一流派专门绘制地中海地图，另一个流派——热那亚人就属于这个流派——则兼顾了北欧地图还有非洲和亚洲的探索地图。前者是功利主义者，而后者则是阿拉伯制图传统的继承人，他们也为人类探索世界的进程做出了贡献。比如，1379年的《加泰罗尼亚地图集》（*Atlas catalan*）中就画出了马可·波罗的路线、加纳利群岛和马德拉群岛。

因此，在这一阶段，水手可以使用更精确、内容更丰富的地图。地图上不但标注了地中海、黑海、大西洋海岸、直布罗陀海峡的北部和南部，还有北非的海岸线以及一些最近发现的岛屿。在发现新的土地之后，人们又在地图上增加了更多的信息，如哪里有水资源和木材资源，领航者可以在此找到补给以继续他的旅程，另外，也标注了当地的民风民俗，居民们是凶恶还是友善，总之，有很多证明了世界变化的信息。

在最初的罗盘地图上，对远方异族的描绘并不包括那些怪物，但是在航海大发现时代，那些怪物又出现了，这绝不是一种巧合。我们之前已经提到过，腓尼基人为了有效地阻止竞争者和他们争夺资源，编造和散布了很多关于海怪的神话传说。这种做法其实持续了很长时间，因为航海者需要为自己挽回声誉。于是，1701 年，长途跋涉而归的纪尧姆・鲍狄埃（Guillaume Pottier）船长是这么解释他为何在纽芬兰水域丢失了大部分货物的——因为水中冒出了一个巨大的恐怖怪物。不过，在 16 世纪，利维坦和其他的海妖们开始被人们广泛提起，那是出于完全不同的原因，表明了陆地正在占据海洋。

对于航海者来说，罗盘地图只是一种记忆辅助工具。在海上的暴风雨中它很有用，但在大多数情况下，经验丰富的领航员完全能够推算出正确的航向，尤其是对于航海者们所熟悉的航道来说更是如此。但是，对于那些想征服世界的统治者们，以及对于那些想多赚点钱的商人们来说，事情就不一样了，地图是不可缺少的。对于那些想要记录自己对世界的理解和看法的科学家们来说也是如此。于是，麦卡托发明了投影法，这是一种按照比例绘制地图的方法，不过，它对于距离的把握有时并不准确，比如按照投影法绘制出的地图，南美看上去比格陵兰岛还要小，但实际上前者的面积是后者的八倍大；而且在麦卡托的地图上，还画着一片巨大的南方大陆。麦卡托借用希罗多德记载中的“亚特兰蒂斯人”（atlantes）来为大西洋（Atlantique）命名，取代了之前的阿拉伯语名字“黑暗之海”，从而为这片海域带来了新的吸引力，这是科学的贡献。

※ 亚伯拉罕 · 克雷斯克（Abraham Cresques）1375 年绘制的《加泰罗尼亚地图集》。

※ P114—115：皮埃尔 · 德塞利耶（Pierre Desceliers）绘制的《航海平面图》（*Planisphère nautique*，16 世纪）。

REGION FROIDE:
CANADA
MER DE FRANCE:
MER DESPAIGNE:
MER OCCEANE:
MER DES ENTILLES:
EVROPPE
LE PERV:
LA LIGNE:
LA ZONA TORRIDA:
MER DV SV:
AMERIQVE
TROPIQVE DE:
MER AVSTRALLE:
MER DE MAGELLAN:
LA TERRE:

LA MER GLACIALLE:
LE CERCLE
REGION TEMPEREE
TROPIQVE DE
LA ZONA TORRIDA:
MOLVQVES:
EQVINOCTIALE
LA MER DES INDES ORIENTALLES:
MADAGASCAR: O Sainct Laurens
CAPRI CORNE:
AVSTRALLE:
FAICTE A ARQVES
PAR PIERRES DESCELIERS
PBRE: LAN: 1550

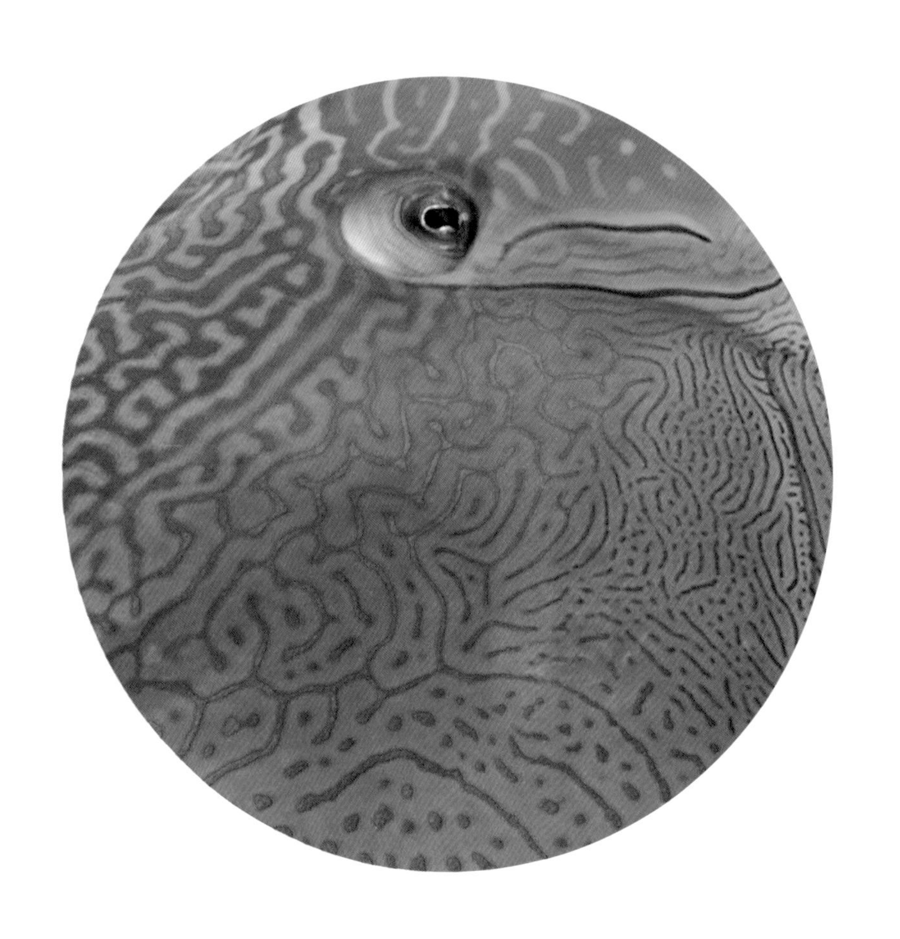

※ 曲纹唇鱼的“文身”和它的色彩一样引人注目。法卡拉瓦环礁，土阿莫土群岛，法属波利尼西亚。

理解海洋：智者们的时代

来自海洋民族的那些非正式的、口头的知识逐渐被陆地民族整合、分类，进而重塑和理论化。随着启蒙时代的来临，新的海洋观出现了，它无疑更加理性，当然也更不敏感，人类与海洋建立了一种新的关系。

—— 了解 ——

陆地民族长期以来都对与海洋有关的事物表现出一种彻底的无知。直到 19 世纪末，《瑞士时报》的著名记者、戏剧评论家弗朗西斯・萨西（Francisque Sarcey）依然如此写道：“布列塔尼的农民们是如此的无知，以至于他们相信潮汐是由于月亮的影响而产生的……”然而，月球与潮汐之间的关系很早就被水手们所熟知，出生自马赛的古希腊地理学家皮西亚斯在他前往北大西洋探险的时候，就曾经描述了一天之内会有两次涨潮和两次落潮，其幅度与月相有关。巴比伦的塞勒伦斯（Sélerrens de Babylone）观测到了波斯湾的潮汐现象，罗德岛的波希多尼（Posidanius）甚至在公元前 1 世纪左右就尝试着预测潮汐。然而，这些知识后来渐渐地失传了，至少在陆地上被忽视了，直到牛顿在 1687 年发现了万有引力定律，即潮汐理论的基础，才扭转了这一趋势。但理论一旦奠定，就需要经过多年的实践，才能得出更完善的设想：世界上所有地区的潮汐强度并不相同——看看地中海和大西洋就知道了——海底的地形、大气压力、海底盆地的形状等诸多因素，构成了一个复杂的拼图中的诸多碎片。

这种对潮汐的领悟，证明了海洋民族对潮汐的认识，是建立在探索和试验的基础上的，是一种非常经验性的口头知识。总之，海洋民族的航行，白天靠太阳，夜里靠星星，当然也要依靠对风的了解。在古希腊神话中，有四位风神：北风之神玻瑞阿斯（Borée），东风之神艾乌洛斯（Euros），西风之神仄费罗斯（Zéphyr）和南风之神诺托斯（Notos）。逐渐地，这种古老的对风的理解被更实用的空气环流的概念所取代。人们意识到了气流与洋流之间的相关性与交替性。对于需要在海上自由往来的水手们来说，这种交替性是必不可少的，没有珍贵的季风，就没有在印度洋的冒险；在大西洋上，没有贸易风，就没有航海大发现，也不会有美洲新大陆。事实

estoille demeure par les degrez sera le nordest lon est deux fois autant de degrez sera le ouest dicelle ligne diametralle
entendu quand las estoille du nort est au droit de son polle Cest a dire quand les gardes sont au nordest ou au soroest de las estoille

Demonstrance de lusaige de cest Instrument

Ensuit le moyen de scauoir treuuer
Par le midy du Solleil Auec le Premier baston treuué Combien lon est de degrez
de hauteur de latitude lomo de Lequinoctial et de longitude lomo de la ligne diametralle

[illegible] tant en quelque terre estrange et nayant aucuns instruments propres pour treuuer la longitude z latitude
du lieu ou lon seroit lon se peut seruir du premier baston treuue de quelque grandeur ou petitesse quil soit
Et treuuer par lombre quil fera le solleil estant en son midy la longitude z latitude du lieu ou lon est
Dont premierement pour treuuer la longitude par lombre dud baston Il conuient faire ung rond dessus
quelque chose que lon voudra lequel soit bien droitement establi Et partir led rond en 4 parties esgalles
assauoir chascune partie en 90 degrez Puis il conuient establir lune des lignes diametralles dud rond
droit nort z su comme lesguille dun cadran est establie puis il conuient fischer le baston droit a plom le bout dessus le centre dud
rond puis vous conuient regarder quand lombre que fera ledit baston ne apetissera plus qui vous signiffiera estre midy Et
lors las umbre vous demonstrera dessus le bort du rond les degrez que le solleil sera droit de la droicte ligne du nort et su estant

※ 观测星星。出自《雅克·德·沃克斯的第一部作品》（*Premières œuvres de Jacques de Vaulx*，16 世纪）。

上，那个时代的人缺乏一个关键性的知识：在 15 世纪，我们知道地球是圆的，但我们不知道它是转动的，这使我们对空气和海水的运动一无所知。根据航海日志中记录的观测结果，人们才非常谨慎地逐步建立起关于洋流的最初的系统模型。1643 年起，艾萨克·沃斯（Isaac Vassius）开始研究北大西洋地区的洋流，而阿塔纳修斯·基歇尔（Athanasius Kircher）则在 1678 年绘制了洋流地图。1686 年，爱德蒙·哈雷（Edmund Halley）描述了大西洋的洋流和信风（贸易风），揭示了常规风和恒久洋流之间的平行关系。

风也对海浪的大小和方向起到一定作用，这一点我们很早就意识到了。我们注意到，当埃俄罗斯（Éole，古希腊神话中的风神）吹向平静的海面时，海面会凹陷，海浪因此形成，并沿着它的方向传播。反过来，当微风与强洋流相对时，就会形成一个更危险的海域。在这样的观察下，唯一能确定的仍然是意外情况的出现。前一刻还是风平浪静的海面，天气一变，海浪就变得又猛又急。此外，还有一些来源不明的“坏蛋”海浪，它们是危险的、不可预测的、孤立的。它们能在海洋表面传播相当长的距离，即使在平静的海面上，也能掀起高达 30 米的巨浪。这一切都解释了为什么直到 18 世纪，陆地科学家们才开始“破译”这一现象：1725 年，路易吉·费迪南多·马西里（Luigi Ferdinando Marsili）出版了《海洋物理史》（*Histoire physique de la mer*），他在书中测量了海浪的高度和速度，展示了海面洋流和深层洋流之间的差异，甚至确定了海水的密度。马西里的工作意味着一场真正的革命，因为和其他领域一样，在这个领域，我们才刚刚起步。

实际上，只有盐的问题长期困扰着人们，普遍的观点认为，海水中的盐来自海底的山。甚至，对于有些作者来说——就像伟大的巴斯的阿德拉德（Adélard de Bath）在他的《自然问题》（*Questions naturelles*）一书中所写的那样——海水之所以是咸的，是为了储存鱼类，海浪中包含的盐量等于被储存的鱼的量。这本书写作于

12 世纪，但它其实是古希腊思想的延续，在 18 世纪之前，我们对于海洋中的盐，也没有什么其他的解释。这种思维的滞后性同样体现在一个反复出现的疑问上——海面上经常下雨，但为什么雨水没有溢出海面呢？从古代到中世纪，直到启蒙时代的开始，这个问题一直困扰着人们。亚特兰蒂斯被洪水吞没的传说萦绕在人们的心头，以至于法国每个省都流传着本土化的、关于伊苏市（Ys）被布列塔尼的海浪吞噬的传说。17 世纪一位名为詹姆斯·诺克斯·德·博尔达克（James Knox de Bolduc）的僧侣声称，自己曾经去过北极，并且看到所有海浪注入四个岛屿中间的巨大漩涡中，而四个岛屿之间则被四条运河隔开，运河是用来疏散海水的。而科学家路易吉·费迪南多·马西里则为这个疑问提供了革命性的解释，他认为，即使高处海岸的海水再深，也不是无底的。因此，海水没有溢出绝对是由于其他的原因。

—— 辨认方向 ——

到了启蒙时代，人们在精确测量经度方面又有了本质的突破。虽然海洋人民知道如何为自己定位，但对于欧洲人来说却很难，随着他们的发现越来越多，他们意识到自己陷入越来越麻烦的情况中。探险者曾经发现过的土地，后来人却再也找不到了，已经被命名或被卖出的岛屿转头又被卖给了别人……

纬度很容易测量——你只需要找到北极星在地平线上的高度，就可以得到与赤道的距离，而经度的测量则比较复杂。原理看起来很简单，就是测量此地此刻与给定的子午线之间的时差，但在实际操作中，由于当时人们并没有发明能够随着地理位置变化而自动换算时间的钟表，所以这一计算很难实现。我们可以知道当地时间、格林威治时间、巴黎时间或任何其他经线的时间，而仅仅五分钟的时间误差将会导致将近150千米的偏航距离。

但这并不意味着人们就放弃了，从17世纪初开始，西班牙和英国的国王就承诺，谁找到解决办法，谁就会得到丰厚的奖励。翁贝托·埃科的小说《昨日之岛》精彩地讲述了围绕这个问题的各种阴谋：欧洲各个大国纷纷派出间谍，刺探如何测量经度的技术。的确，当时人们尝试了许多方法：通过航海测程仪（一段系着浮木的绳子）来测量船舶的速度；测量罗盘针与北极星之间的角度变化（该变化与经度有关）；测量月食的时间——欧洲人此时已经知道如何预测月食；以及，观察木星的卫星们对木星的掩星现象，或观察在特定时间内月球与某些固定星之间的距离变化，但所有这些都是徒劳的。

最后，解决的方案并不是来自天文学家，更不是来自水手，而是来自钟表匠。1760年，约翰·哈里森发明了他的“航海钟”，该钟表曾经在一次横跨大西洋航行中进行测试，每三天慢一秒钟。同时，他还赢得了英国议会在近50年前通过的《经度法案》（*Longitud Act*）中设立的两万英镑奖金。同一时期的约翰·坎贝尔（John Campbell）发明了六分仪—— 一种严格确定纬度的仪器——因此，绘制出精确的地图从而知道自己所处的确切位置成为可能。从此，人们终于可以开始对海洋进行理性的探索，并绘制海洋地图。

在后一个领域，我们也取得了进展。拉孔达明（La Condamine）和莫佩尔蒂（Maupertuis）在秘鲁花了一年时间（1735年）测量了某一条经线的弧度，在拉普兰又花了一年时间（1736年）测量了另一条经线的弧度，从而证实了牛顿将地球定义为两极扁平的椭圆体的理论。在此基础上，库克船长和他的随从们的大洋探险就可以开始了，由于经度已经能够被确定，他们发现了土地之后，就可以对其进行定位了。特别是人们眼中的太平洋发生了变化，在19世纪初期，人们对太平洋地区的认识只停留在大致的轮廓上，而现在的世界地图则标注出了几乎所有太平洋内的岛屿、群岛及其轮廓。

这些探险活动在另一个层面上是必不可少的。它们将揭开托勒密所珍视的“未知的南方大陆[1]”的神秘面纱。在启蒙时代，这片大陆比以往任何时候都更加令人着迷：一方面是地缘战略的缘故，另一方面是人们对于那里具有的财富和当地的居民有所向往。正如布丰所说：“这些人团结在高地上的社会中，伟大的河流都从这里起源，携带着巨大的冰块奔流入海。”欧洲各国都争先恐后地想要抵达这个“黄金国”，以抢占这个天然有利于生活、移民和贸易的地方。探险家们在那里寻求财富和荣誉，比如马鲁因·让－巴蒂斯特·夏尔·德·洛齐埃·布瓦（Malouin Jean-Baptiste Charles de Lozier Bouvet）在1739年成功说服东印度公司派了两艘船去那里探险。可惜，他们和想要寻找“黄金国”的库克船长一样，只发现了一片冰冻的

※ 乔治·居维叶《鱼的自然历史》（*L'histoire naturelle des poissons*）一书中的插图（19世纪）。

1 未知的南方大陆（拉丁语：Terra Australis Incognita）是15世纪至18世纪时，于欧洲地图上出现的假想大陆，又称为“麦哲伦洲”。未知的南方大陆这个想法最初是由亚里士多德提出来的，这个观念后来由托勒密进一步扩展，并且他相信印度洋就位于南方大陆的附近，因为这样才能与北半球的大陆达成平衡。

大陆。让我们面对现实吧，“南方大陆”其实是一个神话，就像古希腊时期和中世纪时期的大部分海中怪兽一样，启蒙运动的到来为它们进行了祛魅。

—— 自然史 ——

古希腊时期，海洋人民似乎并没有提出关于“存在”的问题。因此，老普林尼在他的书中写道：“虽然我们很难列举出所有陆地上的动物，但是在海洋里，无论是多么广阔的海洋，都没有我们不知道的东西。”他在《自然史》一书中，建立了一份完整的、权威的海洋动物名录，该名录仅限于176个物种，并且与陆地动物的名称一一对应，比如海豹对应着狮子，海狗对应豹子，还有海蛇、海猪、海兔子，当然，还有海鼠。海鼠对于鲸鱼来说是不可或缺的，因为鲸鱼们需要海鼠来分开自己长长的、阻碍视线的睫毛，才能看清眼前的方向。对于老普林尼来说，所有这些海洋生物的栖息地都是他所熟知的，例如，他可以肯定，“最大的海洋动物都居住在印度海，比如表面积达到一公顷的鲸鱼、一百米长的锯鲨、两米长的龙虾和九米长的恒河鳗”。海怪当然也是有的，但按照老普林尼的说法，它们“只是在夏至时节才会出现”，于是人们就放心了。

到了中世纪，僧侣们对这个主题产生了浓厚的兴趣，他们狂热地编纂古籍，并在其中加入奇妙的有时甚至是有点儿怪异的东西——因为宗教故事必须得具有启发性。比如在《通往圣地之路》（*Le chemin de la terre sainte*）一书中，就解释了飞鱼的由来：英格兰和爱尔兰的海岸上长满了美丽的苹果树，树上有长着翅膀的虫子，这些虫子如果接触到陆地，就会变成空中的虫子，但如果落到海里，就会变成水生的虫子，能像鱼一样游来游去，偶尔还会飞起来。当然，巨大的怪物也是必不可少的。多明我修会的传教士康提姆普雷的托马斯（Thomas de Cantimpré）在《事物的自然本性》（*Liber de natura rerum*）一书中专门用60章的篇幅来论述该主题，比如他描述了一种能够用角刺穿船只的独角兽。幸运的是，这种动物的游动速度很慢，船只一般都能躲过它。我们的智者们在编纂书籍的时候，并不愿意向渔民或者其他沿海居民好好请教，以便更好地了解海洋的环境，他们觉得这些海上民族很是可疑。比如，亚历山大·内卡姆（Alexander Neckam）就在他的《论物的本质》（*De natura rerum*）一书中解释，为什么说航海艺术是人类的恶行之一？因为它"源于鲁莽、缺乏思考和对偶然性的信任"。

正是在文艺复兴时期，出现了第一本自然史书籍，对海洋动物展开了一番比

※ 半鱼半僧侣的形象。博物学家皮埃尔·贝龙（Pierre Belon）所著《鱼的本质与多样性》（*La nature et diversité des poissons*）一书中的插图。

较严谨的描述。这些学术性的作品遵循亚里士多德的严谨风格，这意味着它们本身应该是很严肃的，然而，除了那些绘制得相当精确的鱼类和甲壳类动物的图像之外，还出现了美人鱼之类的奇怪生物的画像。从这个角度来看，纪尧姆·德·龙德莱（Guillaume de Rondelet）1554年出版的《鱼类完全史》（*L'histoire complète des poissons*）一书很具有代表性。书中描绘了一种鱼，它在1305年被人类捕获，它具有骑士的外貌，在海中和其他同类的鱼生活在一起，比如长得像僧侣和主教的鱼，后者后来在挪威沿海被捕获。

再一次地，启蒙运动带来了真正的科学。特别是，人们开始根据搁浅在海滩或捕获的标本对海洋动物进行系统的研究。因此，在勒阿弗尔，迪奎勒神父（Abbé Diequemare）绘制了他在水族馆里见到的海洋动物，以及人们曾经在海上观察到的物种。这项长期的工作得以让一些神话故事祛魅。独角兽？只是独角鲸而已。主教鱼？只是海豹罢了。甚至连美人鱼都消失了，原来那只不过是海牛。因为每一只海怪往往都是基于对真实存在的动物的某个特征——通常是体型——的夸张描述，18世纪的科学家们往往对那些特征是非常熟悉的。当然他们有时候也会弄错，比如，主教鱼在今天被认为是鼠尾鳕科的鱼，它们的确生活在挪威峡湾的深处，体长几十厘米，其细长的吻部可以让人联想到主教的头冠。启蒙时代的科学家们也无法掀开那些古代神秘怪兽的面纱，尤其是挪威海怪克拉肯在很长一段时间内都没有得到科学的解释。

在中世纪时期流行着一个传说，据说克拉肯这种怪物会用触手包围船只，然后将其拖入深渊。1555年，瑞典乌普萨拉的大主教乌劳斯·马格努斯（Olaus Magnus）就曾经讲了一个关于克拉肯的故事，他说他见到的克拉肯至少有一英里长，也就是大约1600米，远远看上去像一座岛屿一样。启蒙运动试着揭开克拉肯的神秘面纱：挪威卑尔根主教埃里克·庞托皮丹（Erik Pontoppidan）在他1755

年出版的《挪威自然史》(*Histoire naturelle de la Norvège*)中，通过收集渔民们的证言并进行分析，推断所谓的克拉肯应该是一种章鱼或者鱿鱼。只不过，按照他的说法，克拉肯的长度将近 2 千米，稍微影响了他的研究结果的严肃性。18 世纪末，一艘美国捕鲸船在敦刻尔克沿海地带再一次发现了克拉肯。博物学家皮埃尔·德蒙福特(Pierre Dénys de Montfort)当时负责为《追随布丰的脚步》(*Suites à Buffon*)杂志撰写与软体动物相关的章节，他收集了捕鲸船上水手们的证言，他听说克拉肯的触角有 10 米长，上面布满了像帽子一样大的吸盘，1802 年，他在《软体动物的一般自然史和特殊自然史》(*Histoire naturelle générale et particulière des mollusques*)一书中讲述了这样一个惊险的故事：一艘三桅船在安哥拉外海被一只巨大的乌贼袭击，水手们用斧头砍断乌贼的触角才得以逃生。这一场景让我们想起了来自南特的科幻作家儒勒·凡尔纳，他的《海底两万里》正是受到博物学者们的绘画的强烈启发。德蒙福特非常为他笔下的克拉肯着迷，他甚至认为 1782 年消失的十艘英国军舰正是因为遭到了克拉肯的袭击，直到英国皇家海军报告说，这些船其实是在纽芬兰海岸的飓风中沉没的。这件事情让德蒙福特失去了颜面，不过克拉肯的名声却越来越响。1853 年，人们在丹麦日德兰半岛的海滩上发现了一只 18 米长的乌贼，这让克拉肯再一次走进科学家们的视野，丹麦动物学家乔珀托斯·史汀史翠普(Japetus Steenstrup)对这只乌贼进行了精确的描述。2003 年 1 月 13 日，法国水手奥利维尔·德·克绍森(Olivier de Kersauson)在驾驶着他的“杰罗尼莫号”(Geronimo)帆船冲击“儒勒·凡尔纳环游世界奖”的途中被克拉肯给拦下了，据他说，在直布罗陀海峡，他的船被巨大的触角缠上了，那触角比他穿着防水衣的胳膊还粗。一年后，在小笠原群岛附近 900 米的水面上拍摄到了克拉肯的影像，2012 年又拍摄到了。克拉肯似乎是永不消逝的，每次当人们以为它被遗忘在深渊深处的时候，它又出现了。

虽然克拉肯的神话已经祛魅，但海洋的秘密还没有完全被解开，比如，大海蛇的神话就还没有被破解。大海蛇来自很远很远的地方，在北欧神话中，它被称为耶梦加得，它能够通过咬住自己的尾巴从而让海洋保持稳定。它的身体环绕着整个世界，当它不开心的时候就会引发海啸。有一次，雷神索尔和朋友去海上钓鱼，恰好遇上了耶梦加得，双方展开了激烈的斗争，最终索尔和朋友身亡（参见前文出现的插图）。中世纪的时候，耶梦加得也“复活”了，当然它的个头变小了，在北大西洋水手们口口相传的故事中，它成了主角。拉伯雷在《巨人传》一书的第 34 章中以戏谑的口吻嘲笑了大海蛇的传说，不过它并没有因此消失。1817 年，在格洛斯特湾发现了大海蛇，人们甚至成立了一个调查委员会来弄清这个谜团。1898 年，法国炮舰“阿瓦兰奇号”被迫在阿龙湾使用火炮击退大海蛇的攻击。但是，如果我们想到海洋会持续不断地为我们带来惊奇，我们会为这种韧性而感到惊讶：直到 1976 年 11 月 15 日，人们才第一次发现“巨口鲨”，它是由夏威夷海岸外的一个漂浮锚带起的。事实上，这些神话并非闲闻轶事，它们可以遏制人们对其他地方的渴望——腓尼基人并不愚蠢——欧洲的陆地居民需要时间来重新激发对海洋的想象力，用一种伊甸园的想象来取代黑暗海洋的想象。

※ P129：克拉肯，一种巨大的章鱼，它的触角缠绕在船只的桅杆上（19 世纪）。

※ 夜间潜水中的一条笨氏尖鼻鲀。摩尔雷亚，法属波利尼西亚。

重振旗鼓

欧洲人的地理大发现是一个漫长过程的最终结果。扬帆远航，意味着不能把大海想象成各种海怪的家园，意味着必须坚信其他的地方是非常有吸引力的。上帝知道，欧洲人远远不敢踏出这一步……幸好之前已经有很多来自外族的经验为欧洲人提供了参考，比如古希腊人、阿拉伯人和犹太人的航海经验，还有来自大量的传教士和商人的旅行笔记，终于让欧洲人决定尝试冒险。

—— 被神话传说支配的时代 ——

长期以来，欧洲的陆上居民与海洋的关系就非常遥远。对他们来说，海洋文化几乎是不存在的，在欧洲人的精神世界中，几乎没有对海洋的想象。然而，在《创世记》中，鱼类是上帝在第五天创造的，比陆地动物更早，甚至比人类更早，这本该让它拥有令人羡慕的重要地位。然而，问题也从一开始就出现了：如果人类真的注定要“主宰海里的鱼、天上的鸟和地上爬行的一切动物”，那么，人类并没有在命名海洋生物方面履行自己的职责。神学家们会像圣依西多禄一样，借助陆地上的动物或人造物的名称来为海洋生物命名，比如港湾鼠海豚（marsouin）被称为海猪（cochon de mer），剑旗鱼（espadon）的名字则是由“剑”（épée）衍生来的。

这种对海洋生物的不重视毫无疑问与人们对海洋的负面看法相关。人们总是担心因为葬身于海中而无法举行一个体面的葬礼——这对于基督徒来说是不可接受的。人们也会害怕遭遇到类似大洪水的惩罚，末日来临时，从海洋中冒出来的各种海怪更让人害怕。许多涉及“人类末日到来之前的 15 种征兆”的德国诗歌渲染了对潮汐的恐惧：大海退去，深渊展露人前，然后海水袭来，彻底淹没陆地。不得不说，日耳曼神话对海洋的态度并不是特别正面：海洋被置于埃吉尔神（Aegir）的统治之下，埃吉尔神的名字是“可怕”（terrible）的意思，而他妻子的名字叫澜（Rân），看似甜美，其实是“掠夺”（pillage）之意。埃吉尔和澜生有 9 个女儿，即 9 位扬波之女[1]，我们知道，这九种浪中也存在着一些恶浪。日耳曼神话体系中当然也有一些让人不怎么愉悦的北欧神话的痕迹，比如我们熟悉的耶梦加得，那只咬住自己尾巴以

※ P133：利维坦，一种海怪，约绘于 1280 年。这是一条蜷曲的鱼，身体构成一个圆形。

1 这 9 个女儿分别主宰了巨浪、血浪、沫浪、静浪、高浪、耀浪、卷浪、寒浪、扬浪。

稳定大地的大海蛇。在末日到来时，耶梦加得随着潮汐来到了陆地。

然而，耶梦加得只不过是在中世纪时期盛行的、让人害怕到做噩梦的诸多海中巨兽之一。另一种人们耳熟能详的怪物是鲸鱼，它长得像利维坦，吞下了先知约拿，从中世纪到文艺复兴，关于它的画像出现在了几乎所有的地图上。但海洋怪兽并非只有上述两种，航海家、神父圣人布伦丹（Saint Brendan）在他长达六年的海上生涯中，曾经在一座小岛上举行复活节弥撒，结果那是一条鲸鱼的后背，他还遇到了许多的美人鱼和独眼巨人。

这些令人惊异的事物并不局限于大海中，它们还散布在我们想象中的和梦境中的土地上，因此几乎成了我们最熟悉的噩梦，这一切都不鼓励我们去发现这些土地。由此，远东和非洲南部也都被认为生活着一些奇怪的甚至是令人不安的部落。如果说“穴居人”的想象还算令人安心（毕竟他们只生活在洞穴中），那么“无嘴人”的外观则就不那么令人愉快了（他们没有嘴，只靠闻食物的气味当作进食），还有“独脚人”（他们用仅有的一只脚来遮挡阳光），以及“食人族”……

这些虚构的假想存在了很长的时间，即使地理大发现时代到来以后，在很长一段时间内，也没有对此产生什么影响，因为精神文明的进程总是落后于物质文明。比如，我们知道，哥伦布一直坚持自己发现了印度，还有，桑乔·古铁雷斯（Sancho Gutiérrez）于1551年绘制的世界地图也很能说明问题：在欧洲北部的边缘地带，仍然画着长着狗头或长着一只巨大脚的人。我们在16世纪皮埃尔·德塞利耶（Pierre Desceliers）绘制的《航海平面图》（*Planisphère nautique*）中发现了这类细节（参见前文的插图），描绘了生活在亚洲的一系列奇怪生物：长有巨大耳朵和嘴唇的生物、侏儒、半人马和“无头人”（他们没有头和脖子，眼睛和嘴巴都在

※ 鲸鱼吐出约拿，19世纪的插画。

胸前）。纪尧姆·勒·德图（Guillaume Le Testu）1566年出版的《万有宇宙志》（*La Cosmographie universelle*）一书中也提到了“未知的南方大陆”上生活的“怪人”，这些人的耳朵非常长，以至于他们可以用一只耳朵当作床，另一只耳朵当作被子盖。然而，这些描述以及当时欧洲人对外部世界的想象，即使再光怪陆离，也即将退出历史舞台，因为与此同时，来自外部的、过去的以及远方的知识带来了怀疑的种子，并一点一点地改变了当时人们的世界观。

—— 海上之窗 ——

如果没有外部的力量，欧洲就不会成为欧洲，欧洲人也不会开始扬帆远航，更不会最终踏上航海大发现的航程。欧洲大陆的边界地区在这个过程中起到了重要的作用，来自外界的影响和来自其他文化的世界观从这里开始向欧洲内陆渗透。比如十字军东征，西西里王国和安达卢斯王国都让来自阿拉伯的知识传入了欧洲，通过这种方式，欧洲人又重拾起古希腊的知识体系，这是从不同角度看待世界的另一种方式。

中世纪末期的学者和知识分子的世界观是基于被经院哲学“筛选”过所剩下的亚里士多德哲学的碎片。所以，他们认为，地球是一个大水球，上面漂浮着有人居住的或可居住的大块土地。人类是特殊的——因为他们来自亚当和夏娃——那么地球上的土地一定是完整的一块，如果万一还有其他土地的存在，那么它们只能是没

※ P136—137：地球平面图，出自伊德里西（Al-Idrisi）在7世纪应西西里国王要求所撰写的《远游记》（*Livre de Roger*）一书，19世纪被重新绘制，从右往左阅读。

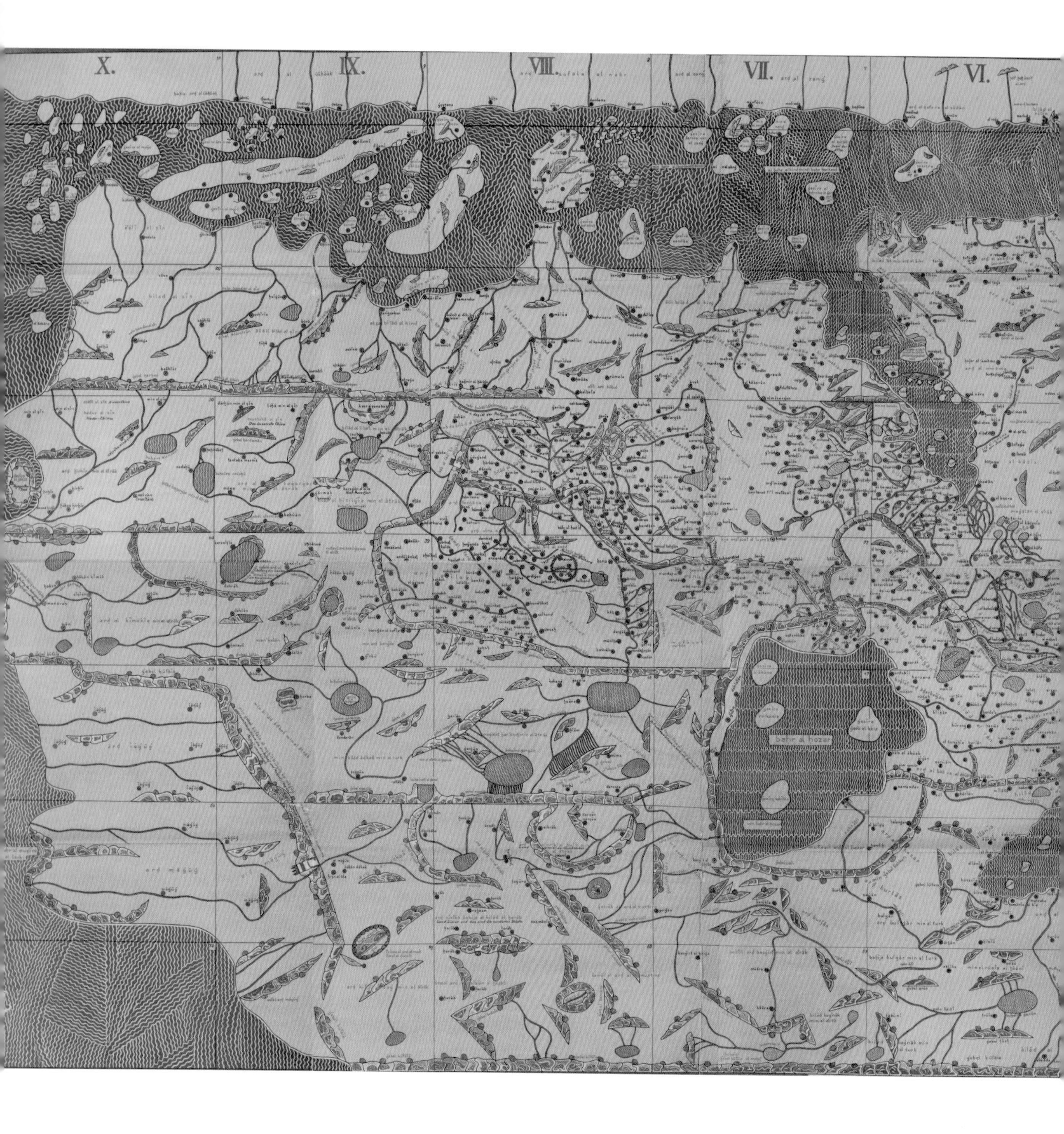
X.
IX.
VIII.
VII.
VI.
bahr al hozar
gezira gedu al akiz

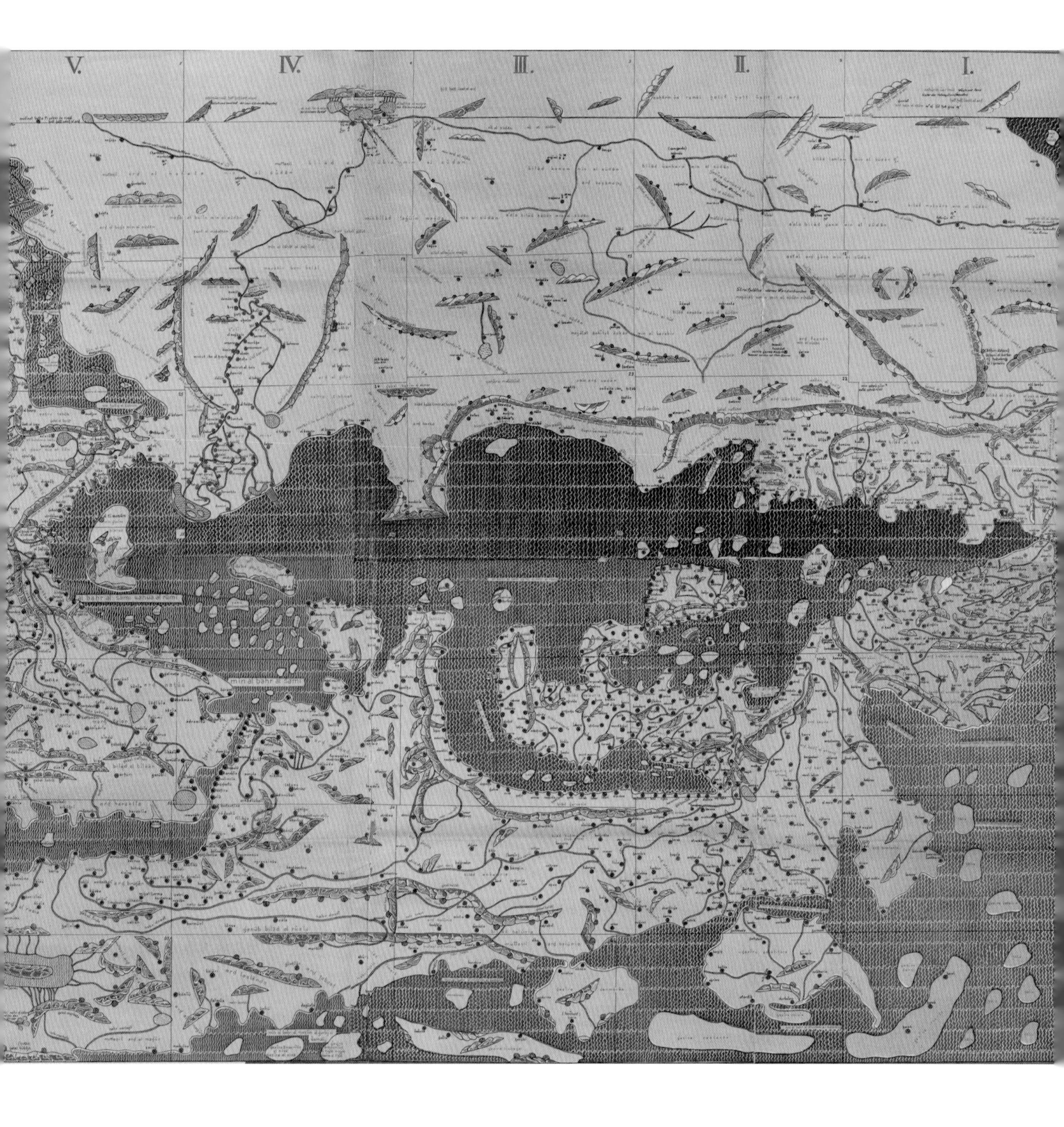

V.
IV.
III.
II.
I.
al bahr al šami uahua al rumi
min al bahr al šami

有任何人类存在的处女地。这种根植于古代知识碎片的世界观似乎非常根深蒂固。公元前 5 世纪的巴门尼德将地球表面分为五个区域：冰天雪地的南极和北极，酷热的赤道，以及南北半球的温带。不同的是，只有北半球可以居住，如果人们前往南半球，将会堕入虚空。

在中世纪，西方的世界观是坚实的、连贯的，根植于西方人精神世界的想象中，这也是为什么来自外部的知识最先进入了欧洲边缘地带，在这些区域，统治者的政策相对宽容，有利于知识的交流与对话。在霍亨斯陶芬王朝的腓特烈二世统治期间，西西里王国内，各种宗教、哲学争奇斗艳，但其实这种现象可以追溯至更远的时期。自从 9 世纪的罗杰一世开始，西西里就对外部世界敞开了大门，到了罗杰二世时期，伟大的阿拉伯地理学家、旅行者、制图者伊德里西在 1154 年献给国王一份“为那些想要环游世界的人准备的礼物”，即中世纪时期最优秀的地图之一。

在伊比利亚半岛上，人们同样对宗教信仰的问题非常宽容。阿方索七世自称是信仰三种宗教的皇帝，“智者”阿方索十世在托莱多的宫廷里召集了犹太教和基督教的数学家，对阿拉伯语版的托勒密天文测量进行修订。阿方索星表确定了 1028 颗恒星的坐标，将夜空中的星座从古希腊人认定的 48 个减少到 46 个。

在作为天文仪器的星盘的发展过程中，也有基督教文化和伊斯兰文化相互协作与渗透的功劳。花拉子密（Al-Khwarizmi）的天文学研究成果启发了雷蒙·德·马赛（Raymond de Marseille），后者在 1140 年创作了《星盘讲义》（*Traité de l'astrolabe*），书中列出了一系列表格，让人们可以根据一年中任何一天的太阳高度来计算纬度。这是一场真正的天文地理革命：人们以前都是等待春分时节的到来才进行纬度的测

※ P139：阿拉伯星盘，来自西班牙托莱多（9 世纪）。

量。此外，雷蒙·德·马赛还指出，任何拱极星的最大高度和最小高度之间的平均值都很容易获得，北极星似乎是最合适的——这可能是在中世纪的著作中第一次提到这一点。星盘的普遍使用在某种程度上填补了空白。星盘的历史很悠久，它由古希腊人发明，被阿拉伯人完善，从 10 世纪末开始传播，不过一直到 12 世纪，约翰·曼德维尔才用它分别在布拉班特、波西米亚和利比亚测量了北极星的高度，并且推算出这些地区的纬度。直到葡萄牙国王约翰二世在 15 世纪末继位，星盘才开始被用于海上。

伊斯兰文化在欧洲变革中的重要作用怎么强调都不过分。欧洲人不仅在 12 世纪吸收了来自阿拉伯世界的知识，而且还通过它重新发现了古希腊流传下来的知识，13 世纪的知识革命就源于此。彼时的欧洲大陆，学术发展欣欣向荣，到处设立大学，人们在吸收古希腊哲学的同时，开始质疑基督教的传统。托勒密的《地理学指南》（*Géographie*）在科学上的贡献不算特别重要——毕竟，在这一时期，欧洲人对海洋的理解已经比古希腊先哲们深刻得多——但关键在于它所提出的各种可能性。欧洲人眼中的世界越来越大，耶路撒冷不再是世界的中心，亚洲变得越发吸引人，大西洋也从被遗忘的记忆中重新浮现。人们重新开始向往古希腊吟游诗人荷马提到的、位于海洋中心的“极乐岛”，传说中的大陆亚特兰蒂斯的沉没让人们感到恐惧，这种恐惧是如此根深蒂固，以至于 1527 年，巴托洛梅·德拉斯·卡萨斯（Bartolomé de Las Casas）宣布，亚特兰蒂斯未沉没的部分就是美洲大陆。1533 年，西班牙的查理五世平静地断言，上帝刚刚通过让加勒比海被发现而实现了西班牙的统一，此前，西班牙不曾染指加勒比海足有 3091 年。

正是在古希腊知识体系的基础上，人们进一步加入了探险者们和商人们收集来的知识，而所有这些晦涩难懂却具有决定性意义的工作，由于 15 世纪中叶印刷术的出现，传播范围开始成倍扩大。托勒密的《地理学指南》在文艺复兴时期，成了除《圣经》之外发行量最大的书籍——哥伦布一辈子都带着这本书。知识的传播在不断发展，新世界正在崛起……

—— 对东方的渴望 ——

中世纪时期，欧洲人对东方的渴望是一种对失去的天堂的向往。这种渴望是从 11 世纪开始的十字军东征的动力之源，至少在大众心目中，十字军东征有着浓郁的末世论色彩。只是，这些抵达了埃及和幼发拉底河的十字军，并没有让我们发现伊甸园。所以，它一定是在其他地方，在那些欧洲人还无法到达的地区。它不大可能在西方——欧洲再往西，是一望无际的海洋，往北是冰层，所以必须到远东去寻找。圣依西多禄想到了孟加拉，托马斯·阿奎那想到了东南亚，但在更多人的想象中，伊甸园是在印度。在中世纪时期，因为耶稣十二门徒之一的圣多马（saint Thomas）死后葬在了印度，所以在大众的心里，印度半岛就是他们寻找的失落的天堂。早在西哥特王国统治时期，人们就隐约知道印度那里有一个地方性的基督教修会，后来人们对印度的了解越来越多，罗马人偶尔会在圣彼得墓前看到印度人的聚会。13 世纪，这片遥远的土地出现在了埃布斯托夫地图和赫里福德地图上，虽然它很吸引人，但人们此时对印度的向往还没有那么深刻。

在这方面，十字军东征将再次起到决定性的作用。随着最初的胜利和十字军国家的建立，穆斯林世界组织了反攻行动，欧洲人迫切地需要盟友。祭司王约翰和他创建的基督教王国，以及他们成功击溃敌军的神话，不再只是一个传说中的美梦，它必须成为现实。人们开始相信，这个神秘国度在中亚，最初认为它可能是西辽，后来又觉得可能是蒙古，然后又以为是阿富汗，最后觉得它应该就在阿比西尼亚。于是，欧

※ 马可·波罗将货物从印度运到霍尔木兹海峡。细密画，摘自《马可·波罗行记》（15 世纪）。

洲人立刻向阿比西尼亚派遣使节。1244年，若望·柏郎嘉宾（Jean de Plan Carpin）奉教宗英诺森四世的命令出发前往东方，与成吉思汗的继任者建立了联系，并且根据他一路上的所见所闻撰写了关于蒙古的历史。1255年，路易九世派遣纪尧姆·德·卢布鲁克（Guillaume de Rubrouck，也被称为鲁不鲁乞）前往蒙古，并撰写《鲁不鲁乞东游记》（*Voyage dans l'Empire mongol*）。来自西方的使节沿着丝绸之路去往东方，一路刷新着自己的知识见解，对这个世界有了更充分的了解。比如，鲁不鲁乞就注意到，曾经被推测为“大洋海湾”的里海，其实只是一个内陆湖。这些漫长的旅程让他们更好地了解世界的各个层面，有时也不免会产生某种“顿悟”。1330年左右，道明会修士艾蒂安·雷蒙德（Étienne Raymond）在总结这些进步时说道：“世界比我们想象得更广阔，亚洲是一个巨大的疆域，而基督教在天地万物之间只是一件小事。”不得不说，随着欧洲人向东方的不断探索，祭司王约翰的王国渐渐消失在传说之中，可以肯定地说，如果只有传教士在东西方世界之间往来，西方世界不会对东方有着如此强烈的探求欲。但传教士并不是唯一沟通东西世界的人，在同一时期，在同一条路上，还有商人在频繁往来，其中有一位来自威尼斯的商人，他叫马可·波罗。他不是第一个访问中国的欧洲人，但是他的旅行记录《马可·波罗行记》令人心生向往，激起了欧洲人对东方的渴望。马可·波罗从丝绸之路来到中国，又从海路回到欧洲，他讲了香料的故事，提了宗教信仰，还描述了中国和中国的财富。虽然他的记录中偶有夸张和修饰，但总体而言，他的记录是所有旅行者游记中的佼佼者。几十年后，约翰·曼德维尔在他的游记中这样断言：“在印度，所有的船都是用木头做的，没有铁条和铁钉，因为海中有带有磁性的礁石……如果有铁钉和铁条的船经过这些地方，很快就会沉没，因为磁性礁石会吸住它们，让它们无法离开。”事实上，如果没有马克·波罗的故事，我们可能永远不会踏上冒险之旅，哥伦布在航海的过程中可是一直带着马可·波罗的书的。

马可·波罗在其游记中，不仅描述了中国和中国附近的国家，他还记录了自己曾经在霍尔木兹海峡遇见了一些商人，后者跟他描述了一个奇怪的国家——阿比西尼亚。人们之前就知道这样一个国家的存在——去耶路撒冷朝圣的人曾经遇见了“黑僧侣”，他们在那里有一个礼拜场所，但仅此而已。1306年，确实有一个由30名阿比西尼亚人组成的使团前往欧洲，两位法国的道明会修士纪尧姆·亚当和艾蒂安·雷蒙德也离开欧洲前往那里探索与之结盟的可能性，但所有这些都没有后续，总的来说，在14世纪末，对于这个国家，人们只知道一些传闻。到了15世纪初，一切都变得更加清晰，因为伊斯兰教的威胁变得更加紧迫。贝里公爵（Le duc de Berry）派了一个法国人、一个西班牙人和一个那不勒斯人作为大使前往阿比西尼亚，最后却只有那不勒斯人回来了。同时，威尼斯与阿比西尼亚建立了联系，这一切得益于威尼斯与埃及之间长达数百年的联系。1402年，阿比西尼亚甚至派遣使节抵达威尼斯共和国。其他的欧洲势力也不甘落后，1420年，阿方索五世接待了一个代表团，该代表团向他提出了同盟的建议。阿方索五世提出以女儿联姻，同时向对方要求一位公主许配给儿子多姆·佩德罗（Dom Pedro），说他准备资助一支战争舰队对抗异教徒，甚至宣布将派遣艺术家。到了1450年，西西里王国的彼得罗·兰布洛（Pictro Rambulo）返回欧洲，他准确地描述了他自从1385年以来就一直生活的阿比西尼亚。弗拉·毛罗（Fra Mauro）在为葡萄牙的阿方索五世准备的世界地图上勾勒出阿比西尼亚的轮廓，他低声说：“我不相信托勒密所说的一切。”从此，在15世纪60年代，很多人前往东非探险。刚刚拿下拜占庭的奥斯曼帝国的发展势头，使得基督徒之间的联盟比以往任何时候都更有必要。绕开非洲至关重要，但只能通过往西的办法……

※ P145：威尼斯制图僧侣弗拉·毛罗绘制的世界地图（15世纪）。

※ 长着尖牙的斑点鲷鱼。土阿莫土群岛，法属波利尼西亚。

海洋人民的黄昏

当陆地民族开始对海洋产生兴趣的时候，海洋人民就悄悄地退出了海洋。或许他们是厌倦了太多次的尝试，厌倦了自己的生活，他们会把见证的机会留给那些来自陆地上的人。海上帝国依然在谱写优美的史诗，海上掠夺者们依然渴望获得财富，渔民们还是热衷于前往纽芬兰捕捉鳕鱼，但整体而言，海洋人民的光芒逐渐暗淡了下去，变得没落，甚至苟延残喘。只剩下热那亚、葡萄牙和少数的探险家，他们将永久改变我们对世界的看法。

—— 热那亚：小小的城邦，大大的梦想 ——

如果说威尼斯帝国的历史留在了人们的记忆中，那么热那亚共和国则几乎被人们遗忘了，如果说它还留下一丝丝痕迹，也不过是存在于威尼斯共和国的阴影下，以一个失败对手的身份作为对方的陪衬。然而，当热那亚在黎凡特市场上败给了威尼斯共和国后，却意外地成就了它一路向西、去往新世界冒险的契机。如果没有热那亚，就没有地理大发现，没有美洲，更不会有哥伦布了。

最初，热那亚共和国只是一个普通的意大利城邦，和其他的意大利城邦一样，当然它也曾经受到过归尔甫派和吉伯林派[1]之间斗争的影响，不过，像其他城邦如比萨、威尼斯一样，它也将视线转向了黎凡特。热那亚的船只与十字军国家保持往来，它依靠着拜占庭帝国留下来的文化遗产向外扩张，甚至向黑海地区推进，仅此而已。蒙古帝国崛起之后，热那亚商人沿着丝绸之路前往中国，在长江沿岸的城市或者福建的港口建立据点，繁衍生息。《从亚速出发前往中国的注意事项》（*L'avis sur le voyage de Chine à partir de Tana*）是一本在当时商人中流行的小册子，为商人们提供了关于路线、税率、物产和当地风俗的各种信息，证实了当时欧洲人向东发展的趋势。只不过，这种发展趋势对威尼斯共和国很不利，于是它制止了热那亚共和国的东征，并且将热那亚从黎凡特市场中除名。于是，热那亚共和国决定重振旗鼓，向西方进发。

一切都从马格里布开始，对于普遍缺少黄金资源的欧洲大陆来说，马格里布是传统的黄金供应商。萨赫勒地区的贸易结构成熟，柏柏尔商人开拓了南方的线

1　又称教宗派与皇帝派，是指位于中世纪意大利中部和北部分别支持教宗和神圣罗马帝国的派别。12 世纪和 13 世纪时双方的分裂在意大利城邦历史上对其邦内政策起到了重要影响。

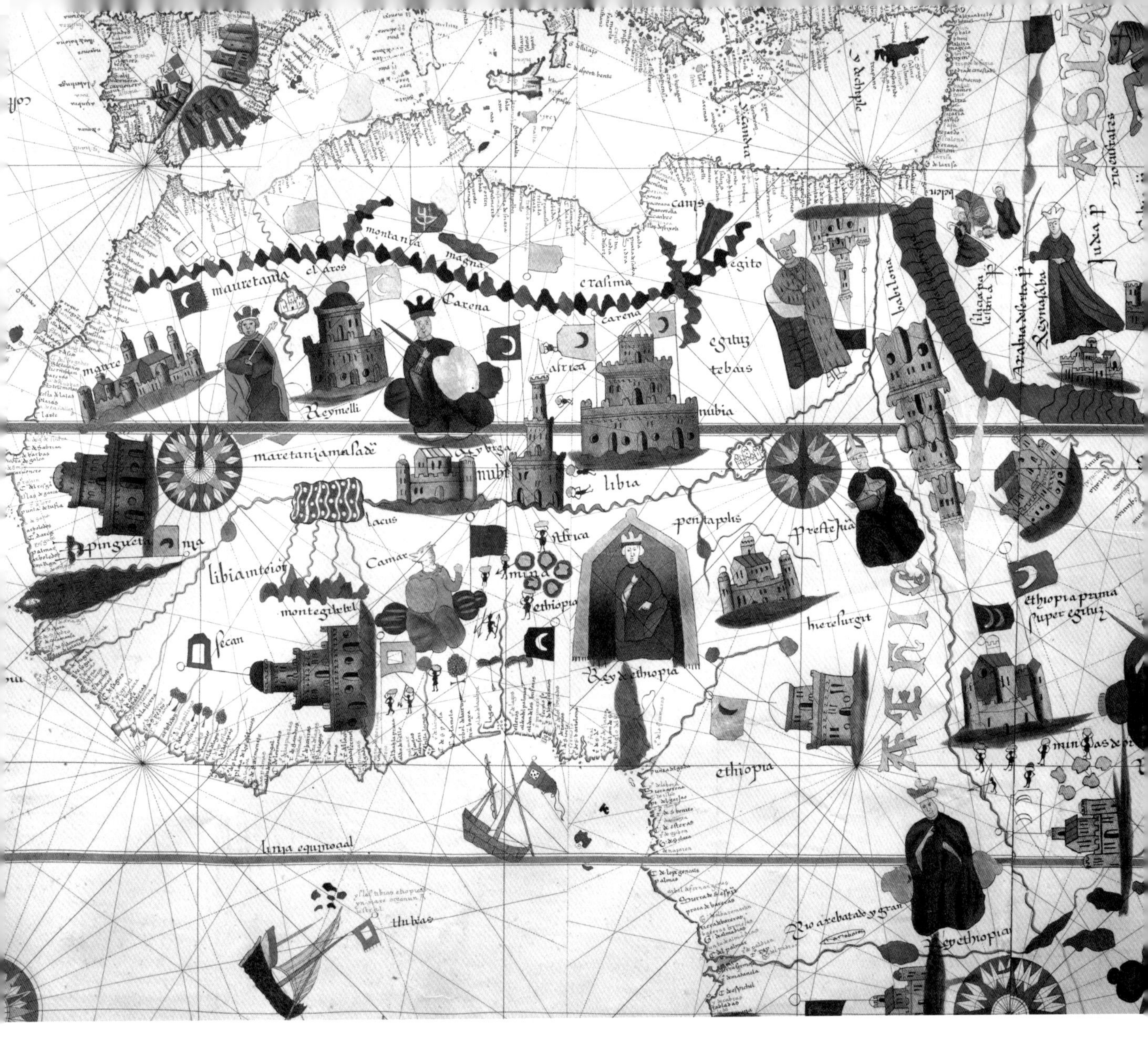

※ 哥伦布的制图师胡安·德·拉·科萨（Juan de la Cosa）于 16 世纪绘制的一张航海图。复原图。

路，用来自穆拉诺岛的玻璃器皿、布匹、牛皮、铜和盐，换取象牙、天堂椒（一种带有胡椒味的植物）和羚羊皮，最重要的，是在塞内加尔和沃尔特收集的黄金，还有奴隶。然后，商人们回到非洲北部的地中海港口，将所有货物转售给基督教商人，尤其是热那亚人。热那亚商人，通过长时间的交谈与沟通，逐渐勾勒出马格里布腹地的地理形状，尤其是他们发现金矿的位置位于西非。长期以来，撒哈拉以南的非洲被隔绝在欧洲人的视线之外——因为柏柏尔商人想要保持他们的垄断地位，然而，随着收复失地运动[1]和热那亚资本的入股，欧洲人的黄金梦终于要实现了。1212 年，拉斯纳瓦斯・德・托洛萨（Las Navas de Tolosa）会战的胜利导致了脆弱的穆瓦希德王朝的解体、马格里布的崩溃，以及直布罗陀海峡对基督教世界开放。西方近在咫尺。

起初，热那亚商人只对特定的一些商品感兴趣，即北欧和他们的客户非常喜欢的英格兰羊毛毡和佛兰芒羊毛毡。因此，从 13 世纪 70 年代开始，热那亚的航船就试图开辟一条横跨坎塔布连海（golfe de Gascogne）的航线。1277 年，尼古洛佐・斯皮纳莱（Nicolozzo Spinale）的桨帆船成功穿越坎塔布连海，抵达了比利时。又过了 20 年，这条商业线路发展得很成熟，从欧洲北部收集到的产品促进了与马格里布和安达卢西亚的贸易往来。对于热那亚商人来说，这也是他们大显身手的机会，来自伦敦和南安普敦的羊毛毡被运到了突尼斯、斯法克斯、布吉（Bougie）、波恩或君士坦丁堡，并在当地换取皮革和油。他们还提供资金捕捞珊瑚和金枪鱼，捕捞上来的金枪鱼被保存在杰尔巴油中，在摩洛哥换取小麦之后，再运回格林纳达。

这样，非洲的大西洋沿岸似乎成了地中海沿岸航运的自然延伸。早在 1291 年，

1 收复失地运动，是 718 年至 1492 年间（安达卢斯或阿拉伯殖民西班牙的时期），位于西欧伊比利亚半岛北部的基督教各国逐渐战胜南部摩尔人政权的运动。

特迪西奥·多利亚（Tedisio Doria）、维瓦尔第兄弟就打算环游非洲大陆。他们装备了两艘桨帆船，预计在十年内开辟出一条能盈利的新航线。他们的主要赞助商多利亚留在了热那亚，让海商们驾驶着船自由航行，而这几位探险者们和马可·波罗一样，经常一去好几年没有消息。维瓦尔第兄弟出发之后，可能抵达了几内亚湾—— 一位混血儿自称是他们的孩子——然后就消失了。热那亚商人们并不仅仅满足于简单地环绕非洲，广阔的西方吸引着他们。14 世纪初，他们发现了马德拉岛，并将其命名为“莱格纳姆”（Legname），意为“草木繁茂的岛屿”，同时抵达了加纳利群岛。兰斯洛托·马洛塞洛（Lanzaroto Malocello）甚至用他的名字命名了其中的一个岛屿——1339 年，安吉莉安·杜拉特（Angelion Dulurt）在世界地图上就是这样标注

※ 范迪诺·维瓦尔第和乌戈里诺·维瓦尔第兄弟（Vandino et Ugolino Vivaldi），13 世纪的热那亚探险者、航海家、商人。

的。

但是这些航海计划、海上探险对于热那亚这样一个小城市来说，实在是太大了。他们需要更多的船、更多的水手、更多的人，但是，当时的热那亚并没有这些。虽然热那亚共和国现金资本充裕，但却缺乏人力资本，这就导致它不得不去资助其他人，特别是伊比利亚人的伟大梦想。热那亚不仅提供贷款，还将提供在乌克兰大草原上经过充分实践考核的商行模式，以及造船方面的创新——他们设计了一种新型的船舶。可以说，没有热那亚，就没有后来的海上探险。

的确，进入北大西洋后，热那亚人将不同的造船技术汇集在一起，促进了造船技术的交流和整合，最终促成了地理大发现所需要的船只的出现。在北方，人们驾驶的船只源于维京人的船。这是一种开放式的船，船头和船尾抬高，以应对波涛汹涌的大海，配备中央桅杆和方帆。在12世纪中叶至13世纪，这种船逐渐演变为柯克船，也就是汉萨同盟使用的气势磅礴的货船。在水面情况复杂的海域，人们创造出了一种“搭接结构”——船壳被装置在这个结构上，这样可以在波浪中为船只提供更大的升力，但会影响船只的行驶速度。相反，南方的船只则采用了“卡弗尔结构”——先造船体，再搭建结构——在此基础上创造了三种类型的船。斐卢卡（Felouque）是一种狭窄且快速的小船，配有桅杆和三角帆，桨帆船与之类似，也有纵帆。最后，热那亚人和威尼斯人的货轮出现了，这种船具有高边沿，是15世纪地中海航船中的王者，在航海大发现时代，这种船被称为克拉克帆船。克拉克帆船配备了两至三层甲板和巨大的船舱，早在14世纪就能承载600至700吨货物运往威尼斯，等到15世纪（1460年）后又能将1000吨货物运往热那亚。它的司令塔后方甚至还有多个小房间，能够安置乘客，而全体船员则住在司令塔前方的区域。15世纪，在前往黎凡特的航线上，有三分之二的航船都是克拉克船。

热那亚人在如何改进船只的可操作性和如何指挥船只前行的方面，发挥了重要

※ 热那亚港口的景象。克里斯托佛罗·格拉西（Cristoforo Grassi）的画作（16 世纪）。

的作用。克拉克船的船尾舵来自北方海域，来自波涛汹涌的海面和猛烈的洋流。法兰德斯和英格兰自从 12 世纪 80 年代就出现了这种轴承和船柄——船柄可以让负责扭转船舵的人员所施加的力成倍增加。多亏了热那亚的水手们，在 13 世纪末，这种来自北方的船舵终于被安装在了南方的船只上。但这种“更新”并不是单向的，地中海的船只也将它们的纵帆借给了北方的船——纵帆能够提高船只逆风航行的能力。结合来自北方的方形船帆——这种船帆适合顺风航行——一种将两种索具结合在一起的新型船舶诞生了。关于帆的改造可不是无关紧要的小事，它的重要性很快就显现出来了。威尼斯的桨帆船有两个桅杆，平时不需要划船手，威尼斯人对此很满意。1230 年，一位热那亚水手平均能带 5 吨的货，到了 1400 年左右，一位热那亚水手平均能带 17 吨，这下，威尼斯共和国可就不能无动于衷了。

在这场热那亚人和威尼斯人通过改造船只以获得更多盈利的竞赛中，他们都不约而同地看中了北方船只带来的另一个贡献——航位推测法。在南方，水手们行船时小心翼翼，不能让海岸在视线中消失，他们总是沿着海岸线航行，寻找夜晚的避风港，直线航行则很少见，比如从伯罗奔尼撒半岛到克里特岛的航线，而且这些航线是古希腊时期就存在的。在北方，情况则完全不同，人们已经掌握了远洋航行技术，鳕鱼、鲱鱼和鲸鱼猎人会利用北大西洋的常规洋流和风向进行捕捞。南方也将学会这一点，冬季停航期将很快被他们抛弃。

不过，不管是南方的船，还是北方的船，都不是最终的王者。克拉克船（我们发现美洲和印度都是驾驶着这种船）综合了南北方船只的优势，它具有高大的船舷、船尾舵、三根或四根桅杆，同时有方帆和纵帆，它诞生于葡萄牙的造船厂，和当时的卡拉维尔帆船一样，都是旗舰级勘探船。克拉克这个名字起源于地中海，来自阿

※ 15 世纪的热那亚航船。

拉伯语 karabo，它将在葡萄牙北部和加利西亚的船厂接受最新的技术改进。未来将写在伊比利亚的土地上。

—— 葡萄牙：海上帝国的辉煌 ——

1249 年，基督教重新征服了阿尔加维，摩尔人战败，葡萄牙现有的国境范围就此被定了下来。从此，葡萄牙就在两个方向的扩张上摇摆不定：卡斯蒂利亚王国的征程让北方的葡萄牙人想要向北扩张，南方的葡萄牙人则想要下海。双方争论的最终结果在改朝换代之际被决定，勃艮第血统已经消亡，商人和工匠们推举若昂一世成为新的国王，而贵族们则更拥护卡斯蒂利亚的君主胡安一世。1385 年，若昂一世在阿勒祖巴洛特（Aljubarrote）战役中大败胡安一世，于是葡萄牙的扩张方向彻底转向了大海。

为了实现这一目标，葡萄牙人可不是毫无准备。首先就是造船，在重新征服摩尔人的过程中，国王们下令在全国范围内种树，每一种树都是根据船的不同部位来选择的。桅杆用北欧松木，龙骨、船尾、船首和船壳板用松柏，吃水线以上的部位用海岸松，船体肋骨用冬青栎或西班牙栓皮栎，一切应有尽有。此外，还有热那亚人和他们丰富的资金、犹太人和他们宝贵的制图知识，以及多年来一直在摩洛哥市场购买小麦的商人，一切都保证了葡萄牙人的远航。

非洲已经不再是陌生的地盘，它吸引着葡萄牙人的目光，靠着一点点黄金梦和一点点十字军东征的信念感，冒险就可以开始了。1415 年，葡萄牙人抵达了休达，三年之后，来到了马德拉，1427 年，到了亚速群岛，但之后，他们在博哈多尔角的逆流中徘徊了很长的时间也没有新的进展。屡次的失败最终让人感到反感和厌烦，如果不是航海者恩里克（Henri le Navigateur）对黄金、资本的渴求，不是他坚定地想要与阿比西尼亚结盟以实现他十字军东征的愿望（这是最重要的原因），那么葡萄牙人的征途可能就会停在此处。终于，1434 年 8 月，吉尔·埃阿尼什（Gil Eanes）从海岸出发，朝着深海航行了 48 千米，他不仅成功地绕过了一路上的障碍，而且还顺利返回，在更远的海面上找到了有利远航的风向。卡拉

※ 阿兹勒赫（azulejo）瓷砖画（15 世纪）。左图：葡萄牙船队的卡拉维尔帆船；右图：葡萄牙船队的方帆克拉克帆船。

维尔帆船被制造出来之后，对非洲沿岸的探索加快了：1444 年，迪奈斯・迪亚斯（Dinès Dias）攻克了佛得角，在随后的十年里，葡萄牙水手和热那亚商人到达了塞内加尔和冈比亚。到了 1460 年，也就是航海者恩里克去世的那一年，葡萄牙人已经能够经常光顾塞拉利昂海岸，十年之后，他们抵达了刚果，并且将几内亚湾内的岛屿逛了个遍。

与此同时，葡萄牙人还开始与当地的居民进行“交换”（往往是以掠夺和突袭的形式进行）。幸好不久之后，葡萄牙人又凭借从热那亚人那里学习来的贸易站技术，成功地打入了当地的商业圈。第一个贸易站被建在阿尔金岛上，1461 年开始运作，以保护葡萄牙人和他们的商品。床单、布料和地毯换来了黄金和奴隶。

在这一阶段，整个国家都在靠海外生活。所有的行业都被动员起来，给船装配武器、建堡垒（即贸易站）、供应非洲市场，利润很快就变得非常可观，于是，比较明智的做法是仿照热那亚在征服科西嘉之后为了集中利润而创建了圣乔治银行，葡萄牙人创建了“几内亚与印度仓库”（Armazèm da Guiné e India）。当然了，我们也没有忘记让教皇把这些征服合法化，虽然这制止不了人们内心的贪婪，卡斯蒂利亚新上任的伊莎贝拉女皇鼓励她的水手们绕过博哈多尔角，以彻底控制这条利润丰厚的海上通道。葡萄牙和卡斯蒂利亚在海上争夺了多年，1479 年，双方终于签订了《阿尔卡索瓦什和约》（*Traité d'Alcáçovas*），按照这份合约，加纳利群岛最终归卡斯蒂利亚所有，但葡萄牙获得了对该群岛南部发现的垄断权，这是一种开拓新视野的手段。更何况在 15 世纪 80 年代初，葡萄牙水手们开始相信，非洲本身就是一个大陆，如果一直向南，应该可以绕过它。

当时葡萄牙的经济环境对这个雄心勃勃的计划是有利的。新国王约翰二世很看好与埃塞俄比亚国王为了反抗伊斯兰世界的结盟，资金也很充裕。在此之前，客观一点说，虽然人们空有野心，但技术手段跟不上。因此，如果没有热那亚人的资金赞助，葡萄牙人将永远无法进行绕过非洲的冒险。很久之后，葡萄牙人有了自己最初的商业货站，有了天堂椒的生意，他们才有能力自筹资金。然后，他们用自己的资金开始前往印度冒险，但从这一点来看，周围的环境已经发生了变化。之前，葡萄牙人总是对自己的海上发现大肆宣传，以吸引投资者的资金（当然他们非常注意对海上风向和洋流信息的保密），而这一次，他们引来的资金可谓更是丰厚。意大利战争和美第奇家族的衰落，使得许多来自意大利半岛的商人在里斯本定居。葡萄牙人之所以能抵达印度，离不开意大利人的资助。他们带着充足的资金直接与当地进行交易，从而避开了穆斯林中间商赚取差价，还携带了大量印度人可能会感兴趣的货物：红珊瑚、铜、亚麻布、梳子、眼镜……

接下来的事儿大家都知道了，巴尔托洛梅乌·迪亚士设法绕过了好望角，虽然返程遇到了逆风，但还是顺利归来——逆风也是15世纪20年代葡萄牙人放弃和中国人做生意的原因。瓦斯科·达伽马最终在1498年抵达了印度，三年之后，他又带领着一支由20艘大船组成的船队重返印度洋，将穆斯林的势力赶出印度洋，随后葡萄牙又在印度设置了两任总督，分别是阿尔梅达（Almeida）总督（1505年至1509年在任）和阿尔布克尔克（Albuquerque）总督（1509年至1515年在任），彻底巩固了葡萄牙在印度的经济地位。为了满足葡萄牙国王的十字军东征梦，阿尔布克尔克总督派遣大使前往阿比西尼亚，但很快香料就战胜了信仰，祭司王约翰的王国再一次被葡萄牙人抛在脑后，回到了与世隔绝的状态。

在半个世纪的时间里，葡萄牙人将把他们的制海权模式推向顶峰。他们在印度洋上修建了大大小小的贸易站：柯钦（1503年）、卡纳摩（Canamore，1505年），然后是果阿（Goa，1510年）、马六甲（1511年）、奥姆兹（Ormuz，1515年）、焦尔

※ P159：瓦斯科·达伽马抵达印度的卡利卡特（Calicut），15世纪的挂毯。

（Chaul，1521 年）、巴辛（Bassein，1534 年）、迪乌（Diu，1535 年）、达曼（Daman，1539 年）。随着这些贸易站逐渐在当地站稳了脚跟，葡萄牙人渐渐扩大了参与当地贸易的范围，收益也比欧洲的香料市场更高。例如，葡萄牙与巴林一起，接管了波斯湾的珍珠贸易，然后又从莫卧儿帝国手中抢走了到麦加的朝圣之路的垄断权，葡萄牙人继续做着更遥远的梦——中国和日本。

1514 年，第一艘葡萄牙帆船抵达中国。40 年之后，中国的贸易市场才对葡萄牙开放。在这期间，葡萄牙人不断地被击退。直到 1557 年，葡萄牙人强行占领了澳门。从此，葡萄牙人的帆船载着他们的香料来到了澳门，后者则成为中日贸易的枢纽。每年的广州交易会之际，葡萄牙人会来选购中国商品，以丝绸和瓷器为主，然后返回澳门，再装上金、棉、水银、铅、锡、糖，继续前往长崎。在长崎，葡萄牙人将中国人喜欢的日本银装上了船，然后送回澳门，以准备下一次的广交会，然后，他们驶向印度果阿，最后回到欧洲，带回了丝绸、漆器、樟脑，尤其是欧洲人钟爱的瓷器。考虑到距离和季风的作用，这样一次商业循环需要至少三年时间，但这并不足以让葡萄牙人望而却步，他们下定决心要玩转各大洲……

此时，葡萄牙人已经掌握了非洲的贸易，统治了印度洋，现在他们需要开拓巴西的市场，有趣的是，巴西似乎是他们偶然发现的。整件事情透露着蹊跷：1500 年，佩德罗·阿尔瓦雷斯·卡布拉尔（Pedro Alvares Cabral）追随达伽马的脚步，出发前往印度，他的使命是绕过好望角，找到一个比佛得角更靠西的中转站，当然这个使命是次要的还是主要的，我们可能永远不会知道。一个奇怪的巧合是，卡布拉尔让迪亚士登上了船，哥伦布曾在 1492 年远征归来时在里斯本接待了他。毫无疑问，迪亚士从哥伦布那里知道了些什么，而事实是，葡萄牙人依然毫无压力地拿下了巴西，说明了葡萄牙的贸易站经济已经更加专业化了。从塞内加尔到利比里亚，黄金和奴隶被源源不断地送回欧洲，为城里人提供家政人员。此外，农奴劳动力也被运

※ 16 世纪葡萄牙人抵达印度。

往巴西，他们先是在甘蔗园里务工，然后又被大量运用到咖啡种植业。一直到很久之后的 1727 年，葡萄牙人才将咖啡的种子带到了巴西——此前咖啡原种一直被禁止出口。这个故事很有意思，葡萄牙人弗朗切斯科·德·梅洛·帕尔赫塔（Francesco de Melho Palheta）在法属圭亚那和荷属圭亚那之间的边界争端中担任调解员，他和当时法国总督的妻子关系不错，后者很欣赏他的才华，在他的离职晚宴上，送了他一大束花，花中就藏着几颗咖啡果。所有的手段都是为了满足世界上最庞大的海上帝国的野心，这也将庇护海洋上最后的冒险者。

—— 最后的冒险者…… ——

地理大发现的一个迷人之处在于它的参与者。与欧洲整体的人口相比，他们人数极少，并且全都来自从瓜达尔基维尔河口到圣文森特角之间的一条细长的海岸线。来自西班牙涅夫拉省（Niebla）和葡萄牙阿尔加维省的水手们长期出没于北非沿海地区，他们在马格里布做买卖，从那里进口小麦、黄金和奴隶。不过，他们活跃的航线，是从古希腊时期起就存在了的。他们为什么要冒险进入未知的海上世界，至今仍然是个谜。或许是因为我们前面提到的物质层面上的因素——对黄金的需求、对十字军东征的痴迷、卡拉维尔帆船的出现等——但也许最重要的是，中世纪和文艺复兴时期的知识革命及其提供的安全保证唤醒了人们对公海的追求。

现在我们知道，当我们到达地平线，并不会落入虚空之中，同样，我们现在知道那些所谓的海洋怪兽一定有其现实存在的原型。虽然我们对海怪还有一些残存的恐惧，但我们相信，我们会战胜这种恐惧。再加上那些商人、传教士们从远方带回来的所见所闻，他们口中描述的一切都让人心驰神往。麦哲伦的同伴安东尼奥·皮加费塔（Antonio Pigafetta）阐述了他自己渴望远行的原因，充分总结了这些海上探险者们的动机："1519年，我正在西班牙，看了一些书，听到了一些对话，我得知了远洋航行中可以遇到很多奇妙的事情，因此，我决定用自己的眼睛去发现所有传闻的真相。"

对于海上冒险者来说，剩下的问题就在于，正如我们前面已经提到过好几次的，水手们都是很谨慎的，他们可不会轻易被忽悠。水手们对大海很熟悉，也知道海上可能遇到的危险，他们想要确保自己一定能够安全返回，而这一点并不容易被证明。船员们会提出一些很棘手的问题：我们怎么回来？海上刮西风当然是好的，但然后呢？我们要去哪里找装货的地点？这也是为什么哥伦布要以无限的耐心向同伴们解释他计划返回西班牙的方法。在中纬度地区，不断有风吹向非洲和欧洲，热那亚人已经证明了从那里返回的可能性。此外，仍然存在另一个同样棘手的困难——距离。毋庸置疑，如果水手们知道他们实际上要去那么远的地方，那他们就不会答应出发。我们必须当机立断地驶入未知的大海，否则就会被恐惧束缚住脚步。哥伦布当然知道这一点，于是他用小小的谎言宽慰船员们的心，比如船只航行了 20 古海里（约 4 千米），他就说是 16 古海里。只有领航员们知道真相，不过哥伦布已经命令他们必须守口如瓶。

得到了安全返航的保障、水手们又被隐瞒了真实的远航距离，航海者终于可以出发了，因为从本质上说，水手们都知道，往西走，一定会发现什么东西。他们不知道那到底是什么，但一系列客观的、非常具体的理由让他们没有什么怀疑的余地。在发现马德拉岛的过程中，亚速群岛发挥了重要的作用。人们坚信一路往西，还有陆地、岛屿。那里不一定是印度群岛，更不一定是大陆，但从海里打捞出来的被雕刻上花纹的木头、竹子，从海里冲到马德拉岛上的未知品种的松树，这些线索综合起来，给我们一个肯定的答案——西方还有未知的土地。唯一要做的，就是前去探险，为此我们还需要一个哥伦布。起初，哥伦布带着船队走的都是非常经典的航线。他沿着热那亚人已经探索好的线路，在佛得角、几内亚、地中海以及北大西洋航行，在到达冰岛之后，知道了西方有一片土地的存在。在格陵兰岛殖民地被冰川吞噬从而消亡了之后，维京人的史诗实际上是通过北欧传说传播的，比如红胡子埃里克的故事。听到这些，哥伦布相信，他的命运之地就在西方，那里，就是印度。哥伦布在成为一名航海者之前，其实是个爱阅读的人，还是一位了不起的梦想家。他不但

¶ La lettera delliſole che ha trouato nuouamente il Re diſpagna.

※ 这幅插画摘自哥伦布给国王写的一封信的译文，在这封信中哥伦布描述了他一路上的所见所闻。

看书，还擅长总结，绘制地图，四处求教。他在里斯本安家之后，就利用港口的所有丰富资源，包括从那些当代最有活力的航海家们那里打听新消息和新发现。在那里，他学到了关于大西洋风和洋流的科学。然后，他跑遍了欧洲所有的国家，才找到了合适的赞助人来资助他的梦想。对他以及对其他许多想细嗅海风的水手们来说，时代已经变了，现在做决定的是陆地文明，是国家。

剩下的故事大家都知道，但故事的后续可能有些人就不太清楚了。我们都知道，哥伦布一直到死，都坚持他发现的新大陆就是印度，但其他人很快就确定这个新大陆是美洲，然后人们又继续开始向往亚洲。有两位大航海家率先出发——科尔特斯和麦哲伦。科尔特斯不但成了阿兹特克帝国的掘墓人，还被横渡太平洋的执念驱使，寻找印度和其他岛屿。科尔特斯在中南美洲组织了若干次的远征冒险，1513年，他试图找到一条能通过巴拿马地峡的海上通道。1527年，科尔特斯的表兄阿尔瓦罗·德·萨维德拉·塞隆（Álvaro de Saavedra Cerón）抵达了马绍尔群岛、马里亚纳斯群岛、马鲁古群岛，但他没能顺利返回。科尔特斯有条不紊地探索美洲海岸，寻找传说中的亚泥俺通道（passage d' Anian），即现在的西北航道（Passage du Nord-Ouest），但没有成功。最后，是麦哲伦通过环游美洲成功到达亚洲。麦哲伦是葡萄牙人，他的航海冒险实际上是在“为国效力”。他前往马鲁古群岛，在阿方索·德·阿尔布克尔克的指挥下参与了占领马六甲的战斗，发现了香料群岛。回到里斯本后，他搜集资料、阅读文献，并且研究了各种地图以及标注出“几内亚与印度仓库”位置的地球平面球形图，他对马丁·贝海姆（Martin Behaim）在1492年画的地图和约翰内斯·舒纳（Johann Schöner）1515年制作的地球仪很感兴趣，因为这两者都显示有一条从巴西南部通往中国和印度群岛的通道。麦哲伦在里斯本还见到了天文学家鲁伊·法莱罗（Rui Faleiro），他们二人都坚信一定会有一条航线能够绕过美洲抵达马鲁古群岛。二人志趣相投，一直聊到深夜。后来，当麦哲伦对国王曼努埃尔一世开出的条件感到失望，决定转而为神圣罗马帝国的查理五世效力时，法莱罗迅速地赶来加入了他的队伍。

麦哲伦的性格虽然相当强硬，但他知道该如何与查理五世谈条件（查理五世也是西班牙的国王），他向国王提出，要去《托德西利亚斯条约》规定的西班牙与葡萄牙领地之外的地方进行探险活动。查理五世同意了。1519 年 8 月 10 日，麦哲伦率领着由五艘大船组成的船队从塞维利亚起航。这次出行法莱罗并没有和麦哲伦一起，因为他在出发前突然发了狂，陷入了一种对大海的极度恐惧之中。所以，麦哲伦带上了两人份的探索热情独自上路，他想要“用自己的眼睛看”。麦哲伦知道，这次航行任务将会困难重重，他从未放松警惕，在他抵达好望角之后，就明白了在南半球的土地上，航行并不是容易的事儿——需要提醒大家，好望角最初被称为“风暴角”，这个名字是葡萄牙探险家迪亚士起的，后来约翰二世将其改名为“好望角”（Bonne Espérance），意思是“好的希望”——这或许就是为什么在这里，麦哲伦强硬地、毫不犹豫地绞死了那些不愿意继续前进的叛徒。

如果从经济的角度来看，麦哲伦的远征是徒劳的——通过“火地岛”的长途跋涉最后被证明无利可图——但它证明了地球是个球体，因为幸存者们得以返回欧洲——虽然最初有 237 人出发，回来的只有 18 人，但这仍然意味着这次远征的辉煌成就。最终，从瓦斯科·达伽马开始，原来人们对于这个世界的碎片认识开始被串联了起来——包括马可·波罗的游记、祭司王约翰的传说——直到哥伦布发现了美洲，再到麦哲伦的环球旅行，地球终于以一种崭新的面貌呈现在世人面前，而这一切仅仅发生在不到 40 年的时间里。陆地人民将借此崛起……

※ “小偷岛”，即现在的马里亚纳群岛和关岛，摘自麦哲伦的旅程纪实。

陆地人民的时代

※ 黄貂鱼正面。摩尔雷亚的潟湖，法属波利尼西亚。

国家

随着国家制度的建立，海洋、海洋人民和他们的活动逐渐被接管，受制于来自陆地的需求。也就是说，人们需要掌握信息、连通世界的各个角落，建构和控制贸易流。

葡萄牙在掌握航海信息的方面走在前列，这并不奇怪。葡萄牙人建立的“几内亚与印度仓库”不仅负责集中利润，还负责随着葡萄牙对非洲海岸的开发，不断地更新海图。所有的领航员，在上船之前必须携带两张地图，并在返回时将地图连同他的注释和更正一并交回，以便更新基本地图——《皇家宇宙志》(*le padrão real*)。从1547年起，国家对航海事业的控制得到进一步加强，设立了首席宇宙学家的职位——数学家和天文学家佩德罗·努内斯(Pedro Nuňes)担任首位长官——他负责修订《皇家宇宙志》，教授领航员，还负责颁发制图许可证和检查制图员绘图的质量。在此之前，水文地理测量师的家族一直是各干各的，在港口的商店里出售他们的地图。地理大发现时代的到来，让航海信息变得很敏感，它们必须是可靠的，以确保深海航行的安全，同时也是国家机密——以至于早在1504年，国家就禁止私人绘制刚果河以外土地的地图。

西班牙也不甘示弱，哥伦布一回来，国家就成立了一个中央行政机构，不仅负责监视他的总督府，还要试图控制信息。因为这些天主教的国王们希望知道、了解、看到——他们不再满足于简单的陆路和海岸轮廓的曲线，即使只是为了权衡风险，他们也总希望得到更多信息。因为，一艘船首先意味着一定的成本。船体的木料并不重要，但船钉、船架、桅杆则需要硬木，通常是要进口的。沥青、焦油和树脂也是如此，尤其是树脂只有东方才有。帆和绳索的价格也不低，锚或钉子也一样，然后还要加上食物、水的成本——还有货物在途中的损耗——以及船员的工资。在热那亚，支付一趟远航所需要的100位船工的报酬，相当于买一艘船。

在这种情况下，国王要求用地图来评估路线及其将要承担的风险，这是可以

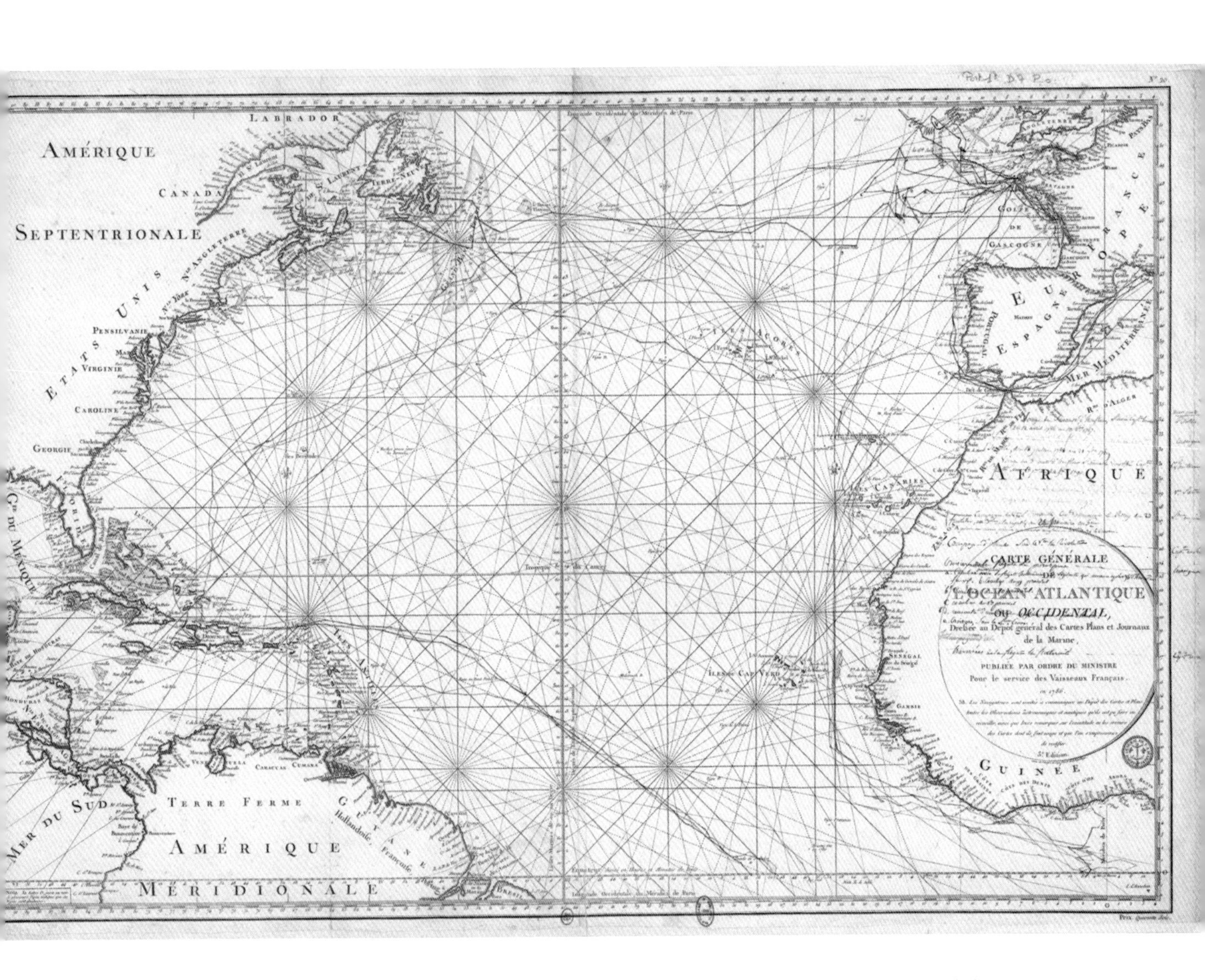

※ 大西洋或西洋总图，收藏在海洋通用地图、计划和期刊总局，1786年应法国船舶服务部长的命令出版。

理解的。早在1500年，胡安·德拉科萨就不得不为天主教的国王们绘制了第一张标注了所有已发现领土的地图。三年后，在大主教胡安·罗德里格斯·德·丰塞卡（Juan Rodriguez de Fonseca）的推动下，位于塞维利亚的西印度交易所创立了，它将成为意大利金融家及其资本的中心。在西班牙控制美洲之后，西印度交易所很快就掌控了那里的方方面面。哥伦布第二次远航的全部经费，包括17艘船、1200人的工资、牛、马、种子，完全由热那亚人提供。热那亚人也与西印度交易所存在合作往来，佛罗伦萨探险家亚美利哥·韦斯普奇被证明是丰塞卡主教的一位宝贵的合作者，他帮助构建了整个制图业生产链。

此后，西班牙的领航员们和船长们被要求准确地记录他们的航线，回来必须将航海日志交到“海图之主”的手中。后者则会将西班牙船只的所有航行资料进行整理，相互参照，并结合其他的资料来源——比如游记等——然后绘制出更准确的地图。这种模式实际上并不仅仅在西班牙被采用，1720年，法国创建了海洋通用地图、计划和期刊总局，也以相同的方式运作。从18世纪后半叶开始，该机构全权负责海图的制作、印刷和发行，如今被称为海军水文和海洋学服务处。

很快，人们就不再满足于仅仅依靠从航海者那里获得信息，陆地上的人们也在努力填补地图上的空白区域。这就是18世纪人们前往太平洋地区进行探险的初衷：路易斯－安东尼·布干维尔（Louis-Antoine de Bougainville）、让－弗朗索瓦－玛丽·德·萨维尔（Jean-François-Marie de Surville）、马克－约瑟夫·马里昂·杜·弗雷斯尼（Marc-Joseph Marion du Fresne）、拉彼鲁兹伯爵（comte de Lapérouse）为此做出了杰出的贡献，但他们的光芒都被库克船长所掩盖了，库克船长三次探索太平洋，几乎绘制出了这片大洋上每一小块土地的地图，而且他相信，如果南方还有一块陆地，那么它一定被冰雪永远覆盖。后来，儒勒·迪蒙·迪维尔（Jules Dumont d' Urville）在到达阿黛利地（Terre Adélie）[1]时，证明了库克船长的这一论断，对南极地区的探索很快成了国家之间竞争的主题之一，所有的国家都希望能够占领这一块地球上最后的处女地。除了迪维尔之外，当时英国人罗斯（Ross）和美国人威尔克斯（Wilkes）也在寻找南极大陆，威尔克斯甚至认为是他最先看到了白色的大陆，只不

※ “欧若拉号”与澳大利亚南极探险队在南极考察期间（1911—1914）。

---

1 阿黛利地是法属南部和南极领地的组成部分之一，但不同于其他组成部分，法国对阿黛利地的主权没有得到国际普遍承认。阿黛利地为南极洲近印度洋的一角，面积为432000平方千米，主要为冰盖高原。

过他距离奥次地（Terre de Oates）[1] 还有 200 千米。英国探险家罗斯抵达南极的时间比迪维尔和威尔克斯都要晚一些，他发现了一片海域，后来被命名为罗斯海，他踏上了南极的土地，然后下了一个和两位先行者一样的判断——南极点无法通过海路到达。人们对这一结果感到很失望，以至于直到 20 世纪初，各个国家才决定发起新的考察活动，考察的目的是绘制南极地图和探索发现当地的植物和动物。让 – 巴蒂斯特·夏古在南极进行了 5000 多千米的勘测，他标记了山顶、目标和深度，他的名字也因此与南极这片未知大陆紧密联系在了一起。也许他们有些轻率，甚至有些鲁莽，似乎根本没有考虑到南极的自然环境是极其恶劣的，也不知道他们的船将一路遇到大量的海上浮冰。爱尔兰探险家沙克尔顿（Shackleton）的南极探险很有代表性，代表了这一探索时期以及那些勇敢的探险家们。沙克尔顿的探险队有两艘船，他的计划是从威德尔海出发，乘坐雪橇抵达罗斯海，跨越其间 2700 千米的南极土地。1915 年的“欧若拉号”通过设置不同的路标来标记从罗斯海沿岸到埃文斯角（Cape Evans）的线路，最终顺利地抵达了考察团想要探索的地点，沙克尔顿的船则没有那么幸运了。“坚忍号”（Endurance）的起航还算顺利，但后来被困在了威德尔海过冬，最后因为被浮冰所困而沉没，28 名船员被迫弃船逃生。船员们在冰上经历了漫长而痛苦的漂流，最终于 1915 年 4 月 14 日踏上了坚实的土地——大象岛。随后，沙克尔顿带着 5 个人乘独木舟向南大西洋 1400 千米外的南乔治亚岛的方向出发，以寻求帮助。经过 16 天的艰苦航行之后，他们终于抵达了南乔治亚岛，但却在错误的一侧海滩上了岸——岛上的捕鲸定居点位于山脉的另一侧。沙克尔顿又带领着他的船员们跨越了这个障碍，最终找到了人烟。他立即登上一艘捕鲸船，前往大象岛营救其他船员，

1 奥次地是南极洲的地区，位于东部南极洲，东面以罗斯属地为界，西面以乔治五世属地为界，该地区在 1911 年 2 月由英国皇家海军上尉发现。

※ 沙克尔顿、斯科特（Scott）和威尔逊（Wilson）从南极探险归来，他们抵达了当时人类有史以来去过的最接近南极点的地方（1903 年 2 月）。1911 年，人类终于抵达了南极点。

但由于海上的大浮冰，他始终无法登陆。他在 6 月中旬又尝试了一次，失败了；7 月中旬又尝试了一次，还是失败了。沙克尔顿用尽所能做了一切尝试，最终，在 8 月 30 日，一场暴风雪将横亘在他与大象岛之间的浮冰击碎，他终于抵达了大象岛，救回了他的船员们。

人们在探索北极的过程中，也遭遇了类似的种种风险，有悲剧，也有胜利。前往北极的北方海路在很长一段时间内控制在俄罗斯人手中，不过，1879 年，芬兰探险家阿道夫·埃里克·诺登舍尔德（Adolf Erik Nordenskiöld）从大西洋沿着欧亚大陆北岸进入了太平洋的北方海路。另一方面，西北海路的开发则要困难得多。欧洲人探索西北海路的历史很悠久，除了西班牙人的几次尝试之外，最重要的是英国人的尝试。弗罗比舍（Frobisher）在 1576 年进入巴芬岛附近一条 150 千米长的海湾，哈德孙在 1610 年发现了哈德孙海湾，此后，从 1728 年到 1794 年，库克船长和乔治·温哥华（George Vancouver）都试图找到传说中的西北海路，但都没有成功。在拿破仑战争结束后，英国海军部开始负责寻找西北海路，并进行了各种考察。1845 年富兰克林爵士和他的探险队，包括“埃里伯斯号”（Erebus）和“恐怖号”（Terror）两艘大船，一起消失在冰层之下，这次终于让英国人偃旗息鼓。终于，1906 年，挪威人阿蒙森找到了这条著名的海上通道，后来也是他首先抵达了南极点，比英国探险家斯科特的团队早了五年。

实际上，占领“处女地”并不是各个国家唯一关心的事情。基本上，随着时间的推移，科学知识越是进步，国家对海洋活动的参与度就越高。例如，19 世纪中期，我们通过测定经度、深度和水深，从“探索发现式水文地理”转向“精确水文地理”。在英国，默多克·麦肯齐（Murdoch Mackenzie）是这一领域的先锋，1744 年至 1749 年，他对奥克尼群岛进行了地形测量，库克船长当然也做出了重要的贡献，还有亚历山大·达林普尔（Alexander Dalrymple），他是 1795 年成立水文办公

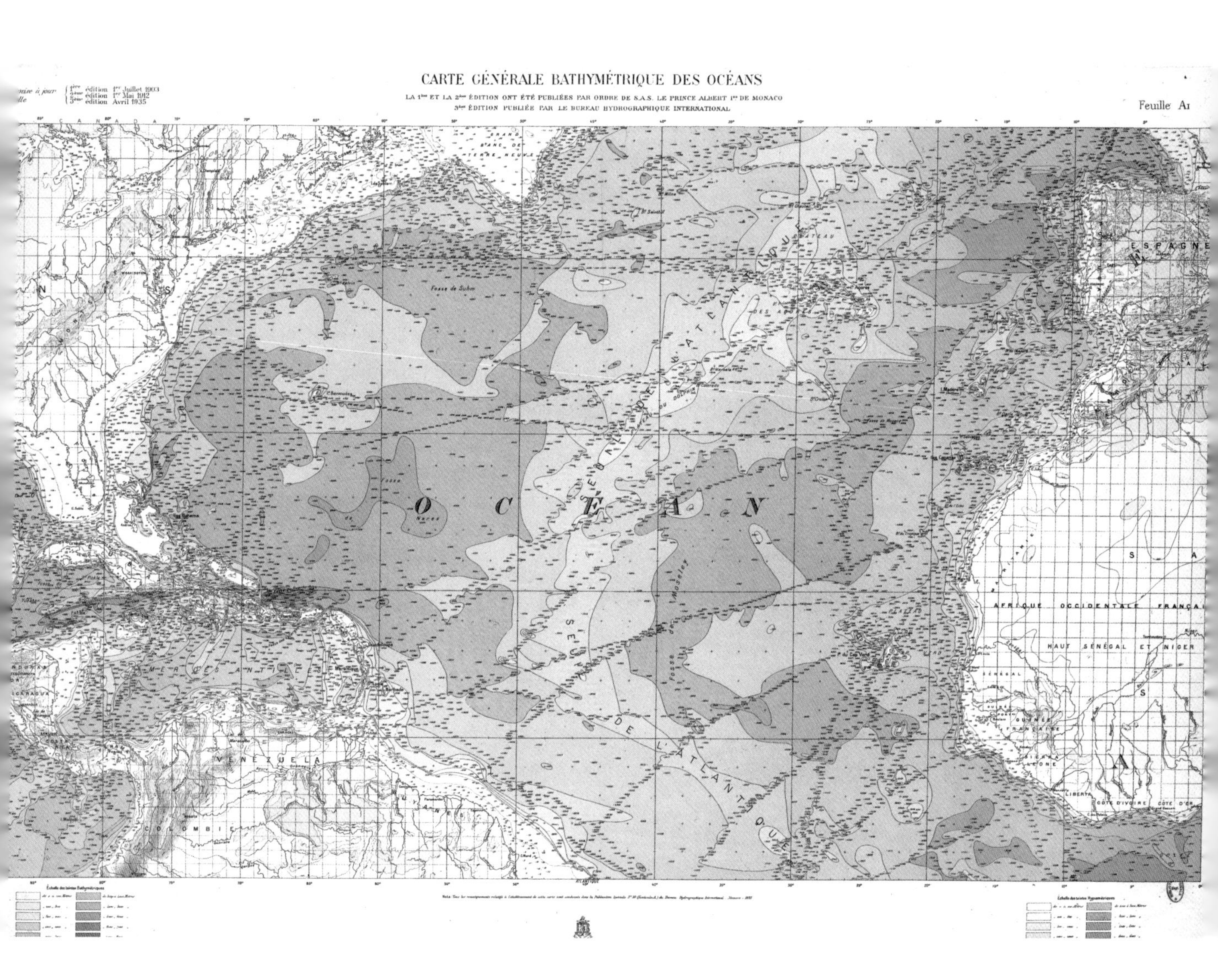

※ 通用测深图，依照摩纳哥国王的命令绘制。

室时的负责人。海洋的三维模型对于制作优质的海图至关重要——它能保证船只更安全地航行，避开暗礁和沙岸——而且，随着潜艇的出现，它被证明是必不可少的。于是，这不再是一个确定“在水下几米处能找到什么东西”的问题，而是绘制新的水下路线的问题。

潜艇将为各个国家在进行海洋探测和绘制海图的过程中，提供新的优势。了解海洋中发生的情况、水深测量和洋流运动，是一项长期的工作。直到 19 世纪末，海洋的总体环流才为人们所熟知，洋流理论才得以确立，气象服务才能建立，以提醒航海者注意风暴的危险。国家对气象问题格外重视，比如巴黎天文台台长乌尔班·勒韦里耶（Urbain le Verrier）确实已经证明，1854 年 11 月 14 日，英法舰队在塞瓦斯托波尔受到的风暴袭击是可以预见的，人们面对这种信息当然无法无动于衷。

在同一时期，研究沿海水域的海洋站得到了蓬勃的发展。人们在汉堡、普利茅斯、塞瓦斯托波尔、热那亚、圣地亚哥和罗斯科夫设立了海洋站，其任务是研究海洋生物，这是更好地评估渔业资源的一种手段，也正是各国首脑最感兴趣的事情。这些观测站逐步建立了海洋动态数据库——潮汐、洋流数据，物理数据库——温度、光学数据，以及化学数据库——盐度、营养盐数据，试图从整体上了解海洋。第一幅通用测深图绘制于 1904 年，由摩纳哥的阿尔贝一世倡议绘制。鉴于这项任务的艰巨性，这幅测深图自然是不完善的，这就是为什么阿尔贝一世将更新的工作委托给 1921 年成立的国际水文局。摩纳哥的阿尔贝一世、葡萄牙的卡洛斯一世等“海洋学君王”所做的开创性工作，此后被各个国家接手，他们通过设立专门的机构，越来越多地投入关于海洋深渊的研究，比如法国的海洋开发研究院、日本的海洋研究开发机构以及美国的国家海洋和大气管理局等。

知道海底有什么是很好的，了解海面上的情况那就更好了，可是几百年以来，这只是人类徒劳的追求。今天，沐浴在一个超互联的世界里，我们可以触碰到我们想要的一切，因此，如今的我们很难想象过去几个世纪中海上战争的复杂性，为了理解这一点，我们必须回到特拉法加海战的时代。让我们回到 1805 年的法国土伦。3 月，海军上将维尔纳夫（Pierre-Charles-Jean-Baptiste-Silvestre de Villeneuve）成功地从英国海军中将纳尔逊的封锁中逃脱，彼时的纳尔逊以为法国会对埃及采取新的行动，于是撤到地中海东部等待维尔纳夫。其时，法国舰队已经驶向西印度群岛，这是英国海军的势力范围，纳尔逊听到这一消息并赶过去的时候，已经是 6 月，这时维尔纳夫的船队已经又回到欧洲附近的海域了。随后，纳尔逊启程前往直布罗陀，希望能打那里的法西联军一个措手不及，但并没有成功。双方最后的决战在 10 月 21 日爆发，此时距离维尔纳夫逃出土伦已经过去了将近八个月。彼得·威尔在其导演的电影《怒海争锋：极地远征》中，非常清楚地再现了在海上寻找敌方舰艇的困难之处，在影片中，我们看到“HMS 惊喜号”在海上徒劳地寻找着法国的“阿刻戎号”（Achéron），直到偶然发现了它。

在海上作战的问题关键在于信息的不完全性，如果把一个海上战区的表面积比作一张桌子的表面积，那么某一艘船在某一时刻所占据的位置就相当于一枚硬币的大小。人们试图从路过的其他船只那里，从酒馆里的各种闲谈中搜集信息，但这些信息的可靠性并不太稳定。于是，当长期负责守护麦哲伦海峡以应对法国和英国的威胁的萨尔米恩托·德·甘博阿（Sarmiento de Gamboa）爵士离开秘鲁前往塞尔维亚时，他的船在大西洋中偏离了航向，最后在佛得角的圣地亚哥岛上岸。在那里，他遇到了一个会说阿拉伯语的葡萄牙船只驾驶员，后者告诉他自己曾经在西班牙阿亚蒙特附近的一家小酒馆里遇到了两个英国商人，他们告诉他英国人弗朗西斯·德

※ P182—183：在 20 世纪末，卫星帮助人们更容易地在海上找到方向。

雷克探索美洲的计划。甘博阿继续他的小酒馆之旅，并搜集其他的信息：他从一艘从巴西来的船的船长那里了解到英国人出现在了里约地区，而一些法国囚犯则告诉他，法国正在加勒比地区采取行动。根据他收集到的这些信息，他决定调整航线，一路向西……

因此，我们现在更容易理解各国对增加监控手段和捕捉信息的不懈追求——我们必须要知道更多信息。只不过，几百年来，所有的尝试都是徒劳无功的：人们可以增加入海的船只数量，然后将在海上收集到的信息与海岸上储存的信息进行交叉比对，但也就到此为止了，海洋不会对人类揭开自己神秘的面纱。直到 20 世纪末，随着卫星技术的出现，一切终于发生了改变。在很长的一段时间里，除了上帝，只有船长是绝对的权威，所有人必须要服从他的判断。如今，每一艘船都被连接到了众多的网络之中，人们在陆地上可以观察、追踪，甚至可以看到卫星发回的图片。1979 年，国际海事卫星组织首次启动了陆地和海洋之间的运营服务，海上人员也可以打电话、发传真了。如今，高速互联网已经成为船舶日常生活的一部分。三年后，即 1982 年，用于搜索和救援行动的全球卫星搜救系统应运而生。虽然这一系统不是专门为海上活动所设计的，但由于它为海上作业提供了便利，因此很快地被海员们采用了。它可以让我们瞬间接收到遇险船只发出的信号，最重要的是，它可以确定船只所在的位置。这是一场真正的革命，在此之前，人们的救援行动总是很盲目，几乎总是不得不在最后收到的求救信号所给出的位置周围探索广阔的区域。卫星定位系统的出现是又一次的技术革新，船舶可以实时地、连续地知道自己的准确位置，再也不需要六分仪了，海洋变得更加亲民了。只要有证书的人都

※ P185：1978 年利比里亚的“阿莫科·卡迪兹号”（Amoco Cadiz）油轮在布列塔尼海岸沉没，造成原油外泄。

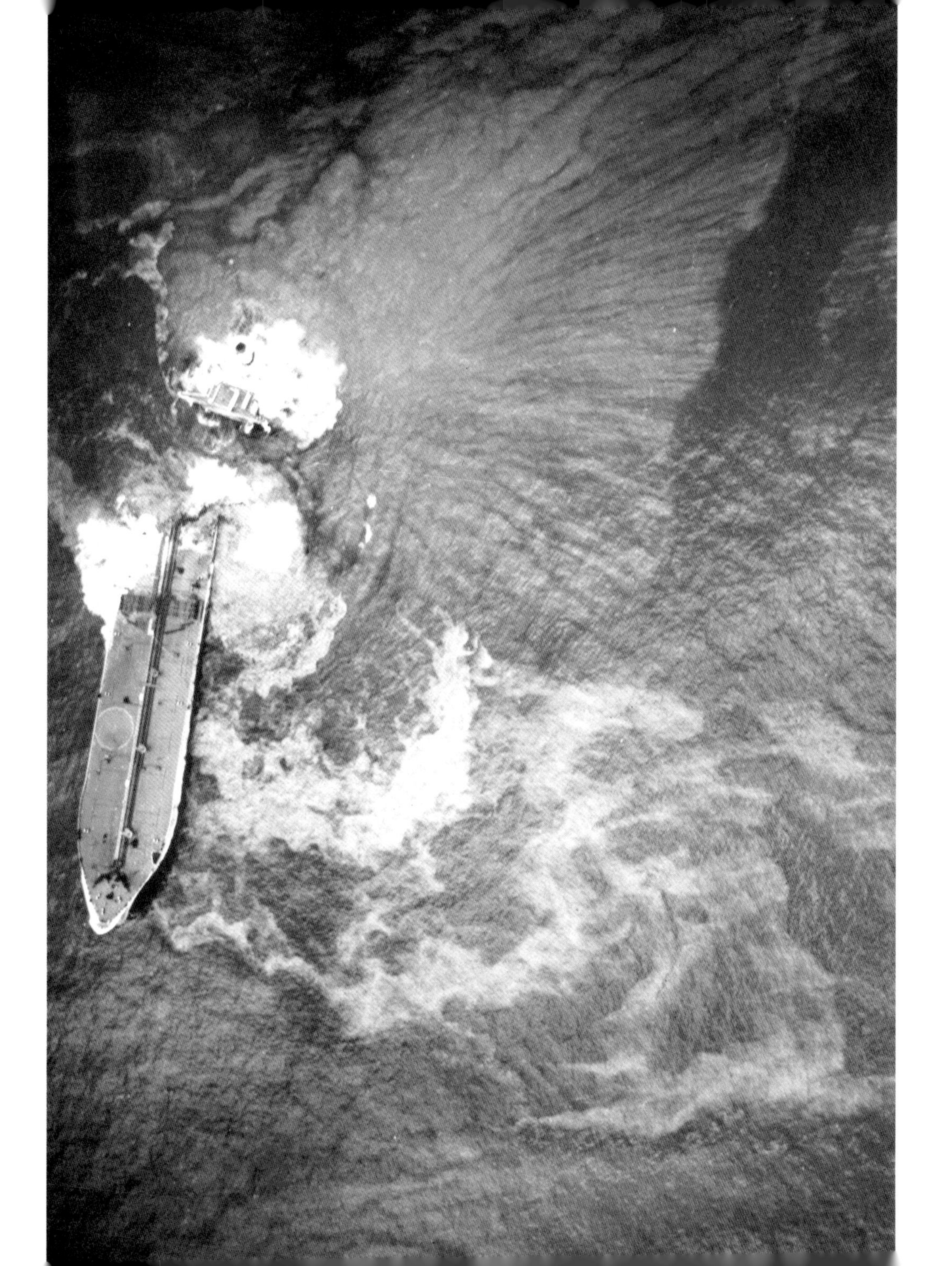

能下海——这并不一定总是好事儿——犯罪网络也开始对海洋产生了兴趣。这在一定程度上解释了国家的空间监控手段日益复杂的发展趋势。比如，在远程识别和跟踪系统的框架内，所有的商业用船全程都被跟踪和识别。类似地，欧盟国家的渔民必须在船上安装船舶监控系统的信标，这是一种实时监测其位置并了解所使用渔具的监控系统，目的是为了进一步打击非法的超额捕捞。卫星技术被越来越多地应用在打击海上的不当行为之上：欧洲海事安全局的“净海网”（Clean Sea Net）计划就是针对海上污染的，它能检测非法排放并拍照，这些都可以作为法庭上的证据。同样的技术也被应用在打击非法捕捞上，比如在法属南部和南极领地地区应用的雷达卫星系统。但国家并不只满足于这种对信息的单一控制，它还试图将各大洲联系在一起，组成信息的流动链。

—— 连通 ——

国家支持长期的探索活动和科学研究，但并不仅限于此，当局也在把哥伦布、库克船长和其他探险家们发现的世界连接起来，以构建贸易流。这需要大量的资金，而且收益并不总是确定的。通常的规律是，投资的头几年，始终都在亏损，最后，出现了以某种方式盈利的贸易。比如美洲和亚洲之间的贸易，最初，新西班牙（即西班牙在中北美洲的殖民地）在其太平洋沿岸没有一个港口。第一个港口建于1537年，位于卡亚俄，距离利马10千米，但它主要是面向大西洋的海上交通。从波托西矿区开采出的银矿石从港口运出，先被送往阿里卡，然后运到巴拿马地峡，再运往大西洋沿岸的港口。如果想从美洲出发前往亚洲，去的时候很容易，但回来就很麻烦，因为在很长的一段时间里，人们一直没有想到如何战胜太平洋海风和洋流的方法。一直到1566年，探险家安德烈斯德·乌尔达内塔（Andrésde Urdaneta）才实现了这一目标，此时距麦哲伦的环球探险已经过去了将近半个世纪。于是，美洲的银矿主们兴奋了起来，他们早就对中国的水银垂涎三尺，因为水银能从银矿石中提取出纯银。只不过为了从中国运回水银，还有很多的事情要做，比如建构贸易流、设置中继站、建立港口等，但不用担心，这些事都被皇室安排妥当了。1570年，米格尔·洛佩斯·德莱加斯皮（Miguel López de Legazpi）占领了马尼拉岛，在那里建了一座堡垒（贸易站），开始在中国附近的海域建立根据地。三年后，两艘加利恩帆船开辟了从马尼拉到阿卡普尔科的贸易路线，船上装载了来自中国的布匹、丝绸、瓷器。1576年，墨西哥和菲律宾之间的海上往来成了常态，著名的马尼拉大帆船诞生了。得益于来自新西班牙和秘鲁的白银——1500年至1800年间占全世界产量的80%——西班牙商人与漳州和江西的一些中国商人建立了生意往来，这些人是明瓷器的制造商，明代瓷器在西方很受欢迎。西班牙人还从中国进口了丝绸和象牙雕刻品，所有这些货物都是通过阿卡普尔科路线运回美洲的，阿卡普尔科是当时西班牙商人存放中国商品的一个货栈，那里每年都会举办商品交易会。中国与西班牙之间的商业往来在1811年随着西班牙帝国的衰落而结束，因为在18世纪，西班牙国王卡洛斯三世试图重申其在太平洋地区的主权，特别是他试图在塔希提岛建立定居点，结果却徒劳无功。

在很多时候，国家已经没有能力或者不愿意再去执行这个清除障碍的任务。在同一时期，也是在太平洋上，日本试图与美洲建立联系。的确，17世纪初，幕府将军德川家康和德川秀忠鼓励长期贸易，在东南亚地区，出现了真正的日本商人的网络，在马尼拉、中国澳门、马六甲以及缅甸公国的港口、婆罗洲海岸、暹罗和爪哇等地都有来自日本的社区——通常是基督教徒——他们也试图向东方发展。由于丰臣秀吉打算与教皇保罗五世结成联盟，夺取中国，因此他派出了大使，经墨西哥

富士三十六景
東都佃沖
廣重畫

抵达罗马。1610 年，日本帆船到达了阿卡普尔科，丰臣秀吉的使臣们穿越墨西哥，然后登船前往罗马。甚至有一些谨小慎微的移民拥入了新西班牙。来自日本的小贩或理发师在那里定居，以逃离那个自 1610 年起就被德川幕府禁止一切出入境的国家。当时日本有好几个地区的商人活动非常活跃，比如日本海附近的博多、堺市、敦贺市、小滨市，以及琵琶湖沿岸的大津市。德川幕府之所以关闭海上通道，是因为当时的海上贸易主要是为贵族们进口奢侈品，这扩大了贸易逆差。随着 1640 年的“限奢令”禁止国民穿戴华贵物品，以及日本的闭关锁国政策，至少到明治时代以前，日本人的海上冒险已经结束。

中国的情况与日本类似。宋朝的时候，中国的海上商业非常发达，到了元朝，这一发展得以持续，并且在国家层面上更加注重海运。蒙古人定都北京，大力发展水上运输——哪怕只是把南方的谷物运输到缺少粮食的北方——并且对外海产生了兴趣。为了征战海外，蒙古朝廷征召了来自南方的优秀水手，比如朱清和张瑄，带领远征军前往日本，然后又继续征战占婆（今天的越南）。1291 年，他们又征战爪哇。虽然这些行动从长远来看没有结果——中国人在获得对方正式的臣服之后又退出了——但它们至少向中国打开了窗口。从本质上来说，蒙古人统治时期是至关重要的，成吉思汗以及他的后裔创造的巨大帝国有利于信息、货物以及人员的流通，有助于让外界了解中国，也有利于中国了解外界。这多亏了旅行者们的游记、来自阿拉伯人和波斯人的资料以及当时成吉思汗的孙子忽必烈汗愿意让中国的学者与外国学者交流，允许他们分享知识。于是，札马剌丁（Jamal al-Din）在 13 世纪时，绘制了《天下地理总图》。明朝取代元朝之后，这种势头保持了一段时间，永乐大帝（1402 年至 1424 年）是著名的郑和远征队横跨印度洋的推动者。在 1405 年至

※ P188：江户时代的日本，19 世纪初歌川广重的绘画。

1422 年间，郑和曾经六下西洋，每次都要动用数百艘船和数万人。其中，1405 年至 1407 年那次，船队里至少有 307 艘船，其中约有 60 艘 450 米长的巨大帆船，葡萄牙人的卡拉维尔帆船在这些大帆船面前就像是核桃壳一样。这些远征的目的并不是为了征服，而勉强称得上是为了贸易，因为贸易是朝贡外交的一部分。

然而，永乐之后，中国就对海洋失去了兴趣，也不再有投资海上活动的欲望，就像当时的阿拉伯人一样。然而上帝知道，他的航海家们有办法应对这些，他们将船只本身作为信息来源。实际上，巴巴里海盗在地中海捕获了一艘西班牙船，该船在 1501 年向奥斯曼帝国运送了一张哥伦布的大发现地图。正是在这一基础上，奥斯曼舰队将军凯末尔·雷斯和皮瑞·雷斯（Kemal et Piri Reis）绘制了一张世界地图，上面标注了大西洋、美洲东海岸、西印度群岛、圣多明各……然而，奥斯曼帝国的朝廷不屑于这些新的土地，最终让别的文明先发制人，抢走了控制全球海洋贸易流的机会。

在这里，国家再次起到了重要的作用。我们已经介绍了西班牙的海上帝国，实际上英国的东印度公司的发展也是类似的。我们不能只看到表面上不断扩张的、私人资本投资的海上冒险，而应该发现秘密隐藏在其中的国家权力的运作，在英国扩张海洋势力的过程中，海军随时待命，以协助商人们清理土地，促进联系，并在必要的时候驱除竞争对手。从这个角度看，英国东印度公司就是一个教科书式的案例。如果没有皇家海军有条不紊地铲除危险的法国对手的阵地，它会变成什么样子？当印度洋被握在荷兰人手中时，如果没有英国海军，东印度公司还能在印度洋上占据一席之地吗？只不过，荷兰海上船队成功的关键之一——1660 年，每四艘航行于全球海洋中的欧洲船只中，就有三艘悬挂着荷兰国旗——福禄特帆船，也是它的弱

※ 郑和下西洋图，15 世纪初

点之一。福禄特帆船没有配备炮艇，它可以运载比其竞争对手更多的货物，但同时它也早就被英国皇家海军盯上了，后者决定为东印度公司扫清一切可能的竞争对手。后来，英国海军用枪炮打开了中国的鸦片市场，在让英国摆脱结构性赤字的过程中发挥了关键作用。我们发现，在东印度公司发展的过程中，英国王室随时准备干预，以支持其臣民的利益，因为它意识到国家的未来取决于对海洋的控制。正因为有这样的想法，英帝国开始系统地征服地球上各处大大小小的岛屿、港口和锚地。这样，皇家海军和英国的商船们，就可以在全球范围内的任何地方完全安全地获得食物、水和煤炭的补给。

英国人不满足于仅仅控制货物流，从一开始，它就对控制电报电缆和电报传递的信息非常有兴趣。在法国，杜夫尔和加莱之间的第一条电报线路修建于1851年，英国也立即决定开始在线路上进行投资。1866年，英国与美洲建立电报联系，1870年英国连接了印度，次年又连接上了中国和澳大利亚。维多利亚时代的英国不可能不明白，电报就是让它能够管理其帝国的基础设施——比如德里或者开普敦发生了叛乱，那么英国第一时间就能获得消息，这样王室就能立刻派兵过去镇压，及时避免事态的恶化。电报的存在，还能让英国了解其竞争对手的意图。英国的外交部掌握着这些海底电报网络，因此能够刺探到各国大使馆内部的消息，以至于在达荷美战争期间（1890年至1894年），英国外交部比外国外交部更早收到了电报。当法国的马尔尚（Marchand）将军接到了任务前往非洲的时候，电报也帮助英国人评估法国人的殖民野心。电报同时还能用来传递假消息，例如，在布尔战争期间，外国记者的电报在传送回国之前就被系统地审查，通过改写电报，将英国军队遭受的挫折和冲突的激烈程度淡化了，以免给公众造成不安。

如今，这种情况几乎没有改变。遍布海底的光纤网络确实是互联网或者说我们所有数字交换信息的基石——99%的洲际通信通过互联网传播，而美国已经将其牢牢地把握在手中。正如斯诺登案所显示的那样，如今海底光纤网的规模，是 19 世纪末电报电缆网络的十倍，于是，华盛顿可以收集来自世界各地的数据。因为，除了新自由主义的盛行之外，我们这一时代和过去并没有什么不同。在所有当前或新兴的海洋事业背后，都有一个具有长远眼光的投资者——国家。如果说近年来中国在造船、捕鱼、远洋开发或航运方面不断获得市场份额，这并不是偶然，因为政府一直在背后支持这些发展，而且中国政府并没有忘记发展海军，因为这也与统治有关。

—— 统治 ——

“在海军里，无论是舰船还是士兵，没有什么是临时起意就能获得的。如果要想拥有一支海军，那么你必须非常想要它，最重要的是你必须长期想要它。”路易・菲利普一世之子儒安维尔亲王（le prince de Joinville）的这番话，比任何的长篇大论都更好地强调了海军需要长期的投资，而这一点英国人已经非常理解了。英国人并不总是拥有世界上最好的战舰——在 18 世纪的冲突中，法国的“74 号”就比他们的船只更优越，他们有时也会错过战略转折点——当威廉二世治下的德国正在研发潜艇的时候，英国人却在闷头开发“无畏舰”。但英国人在任何时候都没有忽视保持对海洋控制权的绝对必要性，不管这意味着他们要花多少钱。英国王室沿袭了过去称霸一时的海上帝国们的做法，而且将自己的势力范围扩张到全世界范围内，一个始终被遵循的准则是海洋优先于陆地。而与人们通常认为的相反，这不是

※ P193：修理海底电报电缆的水手（20 世纪初）。

AMPERE
Paul Dufresne

76

某种“复古主义”的结果，也不是英国的地理环境使然，而是一种主动的选择，是思维转变的结果。因为很长一段时间以来，英国人都没有被吸引入海。当然，英国人不是没有商船，但他们的船只仅在英吉利海峡和北海之间进行贸易活动，本质上还是以陆地上的事物为主。热那亚人曾经是北海大宗贸易的主宰，这绝非巧合，因为英国对此不感兴趣。当时英国人看重的是金雀花王朝的遗产，然后是腓力四世的遗产，法国的王位才是最重要的。这就解释了为什么英国没有参与欧洲地理大发现，为什么很晚才抵达美洲，彼时海上的热闹已经散去了。

1558 年，弗朗索瓦·德·吉斯（François de Guise）公爵夺回加莱，将英国人赶出法国，英国人借此开始发展海军。事情进展得很快：伊丽莎白一世发动她的“海狗们”（即海盗）攻击新西班牙及其满载黄金的船队；约翰·霍金斯（John Hawkins）、托马斯·卡文迪什（Thomas Cavendish）、马丁·弗罗比舍（Martin Frobisher）和弗朗西斯·德雷克带领的船队组成了水兵队伍，后来，英国皇家海军在此基础上建立。当时，沃尔特·雷利爵士说了这样一句发人深省的话：“控制海洋的人控制贸易，控制贸易的人控制世界的财富，因此也控制着世界本身。”对于拿破仑一世的最终失败，实际上也没有其他解释——大海为英国首相小威廉·皮特带来了财富，让他能够自由选择盟军组成反法联盟，对抗“科西嘉食人魔”拿破仑，同样，也让他能够封锁拿破仑的庞大帝国，此外，在受到来自法国的突然袭击时，海上的线路也让英国皇家海军能顺利地在葡萄牙登陆。英国皇家海军的重要作用，还体现在以下冲突之中：第一次和第二次世界大战期间对德国的封锁；在北非、西西里、诺曼底的登陆加速了纳粹德国的灭亡。不过，在拿破仑战争期间，英国还做了另外一件事影响了战局——切断通信。

※ P194：美国海军舰队。

我们已经看到英国在和平时期对海底电缆的重视程度。在战争时期，破坏电报网络本身就成了一个作战目标，1898 年的美西战争就可以证明这一点。美国海军上将乔治·杜威在马尼拉击沉了西班牙舰队，他也没有忘记同时切断连接菲律宾和马德里的唯一一条电报电缆。而美国海军也以同样的方式隔离了古巴。两次世界大战也不例外，在两次世界大战结束时，几乎所有的海底电缆都已报废。

如今，这种情况并没有发生太大改变。控制供应链和信息流仍然关键，其战略性质被进一步加强了。在我们没有充分意识到的情况下，我们的社会，实际上已经变得非常依赖海洋。90% 的贸易是通过集装箱船转运的，大部分的数字通信也是通过光纤电缆进行的。一条断裂的电缆可以使一个国家瘫痪，一次封锁会导致一个民族的崩溃。没有互联网连接，没有石油、原材料和工件，我们的经济将陷入停滞。今天的人们正在见证一场真正的海军军备竞赛，而这并非偶然—— 一切都是为了确保流通的顺畅。

全世界各个国家都陷入了一种对现代化和发展海军力量的狂热之中。只不过，各个国家的目标是不同的。有一些国家想跻身世界巨头的梯队，而其他一些国家则只想管好自己附近的一亩三分地。海军的规模很能体现一个国家的雄心壮志，称霸海洋就是称霸陆地，过去如此，今日尤甚。我们可以既控制海上流通，也可以通过提高对陆地的打击能力而从中受益，这是很新奇的事。此前，我们可以登陆、轰炸海岸，但这些行动仅限于海岸附近。如今，随着舰载航空和舰载巡航导弹的出现，几乎整个地球表面都可能受到波及。最近发生的涉及海军陆战队主力的武装冲突都凸显了这一转变：当美国与伊拉克交战时，会在海军战舰上安装“战斧巡航导弹”随时待命；当俄罗斯决定介入叙利亚事务时，则通过从里海发射“Kalibr-NK 巡航导弹”宣布自己参战。

需要指出的是，最近世界范围内的冲突并没有涉及主要海军强国之间的冲突。这无

※ P197：安装长距离海底电缆。

疑是外交手段造成的结果，但也必须把它看作是一种根本上并不平衡的力量平衡的反映。虽然在各种文章和报道中，人们都强调亚太海军力量的崛起或俄罗斯海军的觉醒，但事实上，美国海军与其他所有国家的舰队相比，始终牢牢地占据着海上霸主的地位。无论从吨位还是从技术水平上来讲，美国海军都是无与伦比的。它有近 300 艘巨轮，其规模相当于排名第 2 至第 7 的国家的海军舰队的总和。与美国海军发生冲突，那无疑是自杀，这也是为什么国与国之间的武装冲突越来越靠近法律框架的原因。因为法律也是一种武器，让人们可以蚕食对方的空间，限制其自由，是我们维护主权的又一手段。

长期以来，海上的权利和义务是建立在一种习惯制度、一套规则、一个并非一成不变的共同价值观的基础上的。渐渐地，人们觉得有必要对这些规则进行整合，然后再加以完善。在海上，最重要的原则是自由——来去自由、开发资源的自由。这样说来，似乎与我们在陆地上的法规没有什么大的区别，我们大概需要“无害通过”的制度来理解海上规则的实质。我们能够想象在冷战期间，俄罗斯的坦克在斯特拉斯堡进入法国边境，然后穿越法国全境一直开到西班牙吗？但是在海上，这是可能的，外国军舰可以在没有任何授权的情况下通过一个国家的领海。海洋的自由是无形的，又或许不完全是这样。事实上，随着有些国家越来越将自己的利益投射到海上，人们对海洋的自由权利正逐渐被裁减、限制和框定。这种情况的最初起源往往来自沿海国家。这一切都始于 18 世纪末，当时人们划定了一条宽为 3 海里的沿海地带属于国土范围——这个宽度相当于当时大炮的射程——很快这就成为领海范围约定俗成的规矩。

然后，在 20 世纪初，出台了一些规则来管理海上救援和安全——特别是在“泰坦尼克号”沉没之后——但关于海洋公约的确立的确是在第二次世界大战之后才真正有了较快的发展。渔业资源和石油的近海开采已成为迫使各国界定可以对其控制的海洋区域的问题。1982 年《联合国海洋法公约》规定了国家可以拥有权利的海洋空间，从而实现了某种意义上的平衡。从此，内部水域、领海、专属经济区、大陆架确定了开发日益重要的海洋资源的框架。

※ P200—201：巨大的集装箱船。

CMA CGM ORFEO
CMA

CGM
CMA CGM

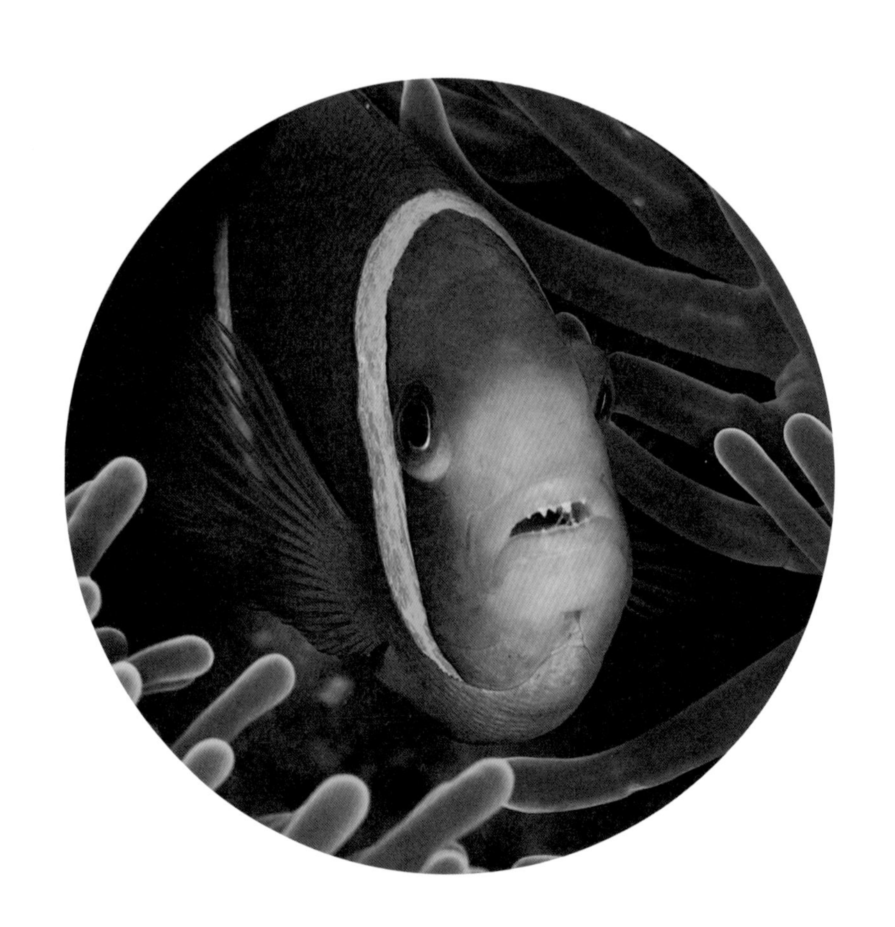

※ 躲在海葵里的小丑鱼。法卡拉瓦环礁，土阿莫土群岛，法属波利尼西亚。

开发

人类仅仅从海中获取渔业资源的日子已经一去不复返了。随着时间的推移，人们还从大海中获得了石油、天然气、沙子、淡水、用来作为药物或化妆品添加剂的化学元素和遗传物质，不久之后，我们或许还将开发海中的矿物质。今天的海洋，更像是传说中富庶的“黄金国”，但是人类对海洋资源的开采对海洋生态的平衡并非是毫无影响的。

—— 涸泽而渔 ——

正如我们已经指出的，捕鱼一直是人类生活的一部分，并且或多或少地一直以同样的方式进行着。我们找到一处鱼群聚居区，然后开始捕鱼，直到无鱼可捕，然后我们转移到资源更丰富的水域或战争过后的水域，继续无节制地捕捞其他品种的鱼类。只不过这种情况在过去很少出现，一方面是由于人口的增长幅度是适度的，另一方面是由于手工捕捞的技术限制了规模。麦哲伦海峡的阿拉卡卢夫人过着海上游牧的生活，但却从来没有耗尽他们赖以生存的资源，几个世纪以来，这就是他们的规则。后来，工业时代的到来，彻底改变了捕鱼技术和市场、产业链的上游和下游。机械力能够拉动更大的渔网，能够将一网又一网满满当当的鱼拎到船上，还为人类提供了发展更强大的捕鱼手段的可能，如捕鲸用的鱼叉枪，更不用说冷藏船的发明——1877 年，法国人费迪南德·卡雷（Ferdinand Carré）为“巴拉圭号”装载了吸附式制冷系统。这种发展一旦开始就再也没有停止，这是一场竞赛，有时甚至是过度的竞赛，导致的结果就是，如今的海面上随处可见巨大的工厂船在航行。鱼类在船上就被处理好、冷冻好，再转移到货船上，这能让工厂船在渔区停留的时间更长。“大满载号”就是这样一个例子，它原名拉法耶特（Lafayette），是一艘油轮，后经过改装成为工厂船。它能够存储 14000 吨鱼，渔船上的工作人员每天能够处理和冻结 1500 吨海货。这些庞然大物的存在，解释了为什么世界上 1% 的捕鱼船队在一个高度集中的行业中占据 50% 的渔获量，世界十大海产品生产国占据了 60% 的渔获量。

但这场疯狂的竞赛并不只是为了纯粹地表现自己的实力，因为陆地上的市场对鱼类的需求似乎是无穷无尽的。其中，有主要的、基本的原因——因为人们要吃饭——但也有文化的原因。这种情况并非一直存在，因为淡水鱼一直以来都受到陆地消费者

※ 过度捕捞，是21世纪的新灾难。

的欢迎。因此，过去亚洲的稻农，就像中世纪和近代的欧洲农民一样，对海里的东西表示厌恶，认为那是魔鬼的东西，难以捉摸，不是真正的自然秩序的产出。所以，前者只愿意吃河鱼制成的干鱼、烤鱼或咸鱼，而后者只是出于宗教义务才食用海鱼。凡尔赛皇宫的餐桌上，当然也会出现“御用之鱼”——即被冲上海岸的鱼，按理说是属于国王的——但总的来说，鱼类并没有什么市场，人们更喜欢野味，各种各样的动物肉。还有一点，鱼还经常“放鸽子”：孔代亲王的厨师弗朗索瓦·瓦德勒（François Vatel）就因为鱼迟迟未被送到，来不及准备宴会而自杀。在西方，鱼类的价值被贬损，主要是出于宗教原因。在18世纪，鳕鱼是法国人最经常食用的鱼类，因为这一时期法国的食物普遍匮乏，在卢瓦河以北的人吃盐腌鳕鱼，卢瓦河以南的人则吃晒干的鳕鱼，总之不管以什么方式保存，鳕鱼养活了好几代法国人。因此，近海捕捞长期以来一直局限于本地市场：鲱鱼在东部海峡占主导地位，鲭鱼在西部海峡占主导地位，沙丁鱼在大西洋占主导地位，而让陆地人习惯食用海洋鱼类，还需要很长很长的时间。甚至到了20世纪20年代，鱼商和鱼贩子们还不得不发起大规模的宣传活动，以推广他们的产品，强调鱼类的低廉价格，以及鱼类能提供的能量，甚至是某些看上去不太靠谱的优点。1938年，为了推广海产品的食用量而成立的宣传委员会发表了关于鱼类和贝类的最佳烹饪食谱，并且郑重地强调：“仍然需要指出的是，沿海地区的人口拥有数量最多的孩子，我们可以利用海洋食品来提醒人们这一事实，这对法国的未来非常重要……”

鱼类市场的扩张很快就对资源产生了影响，一种无节制的海上游牧现象出现了。我们捕捞一个鱼群，将它们全部捕捞干净，然后转到另一个地方，或者换另一种鱼继续捕捞。19世纪末沙丁鱼的情况就是这样，随着罐头工业的发展，沙丁鱼罐头——布列塔尼地区提供了世界产量的90%——被出口到世界各地，随着人们在加利福尼亚和澳大利亚发现了金矿，沙丁鱼罐头也随之被大量地运了过去。当时人们对沙丁鱼的需求如此之大，以至于捕捞的总量在 19 世纪 70 年代初开始下降，然后完全崩溃。之后，人们又转移到西班牙和葡萄牙附近的海域，那里仍然能捕捞沙丁鱼。棘刺龙虾（又称红龙虾）也有过同样的遭遇：19 世纪中叶，大西洋上的棘刺龙虾非常多，随着人们在欧洲沿海地区的大规模捕捞，棘刺龙虾变得稀少，随后，人们又跑去里奥德奥罗（Rio de Oro）的沿海地区捕捉华贵龙虾（又称绿龙虾），导致华贵龙虾的资源在 20 世纪 50 年代初几乎枯竭。西印度群岛的长足龙虾（又称棕龙虾）弥补了这一短缺。随后，毛里塔尼亚附近的龙虾也被捞了个精光，20 世纪末，全球范围内的“龙虾狂潮”不可避免地衰落了。就连鳕鱼这样具有标志性意义的鱼类也几乎消失了，以美国南湾为例，由于工厂船的打捞，鳕鱼的数量从 1986 年的 100 万条，减少到 1996 年的 1.5 万条。1992 年，加拿大暂停了鳕鱼的贸易，鳕鱼的数量才开始回升。

而这种过度捕捞影响了所有物种，甚至是最有象征意义的物种，例如鲸鱼。早在 16 世纪 40 年代，巴斯克人就在纽芬兰海域捕捞鲸鱼，17 世纪 20 年代左右，英国殖民者也加入了他们的行列。鲸鱼身上最受人类追捧的是鲸腊，这是一种存在于鲸鱼头部的蜡状物质，可以被制成优质的蜡烛；还有包裹在鲸鱼肠黏膜中的龙涎香，对于调香师稳定其香气至关重要；最后是鲸鱼的脂肪，经过煮沸后，可以得到一种油，公共照明市场对这种油的需求量很大。由于过度捕捞，大西洋中的鲸鱼变得越来越少，从 19 世纪开始，捕猎者转向了太平洋和南半球的水域。虽然自从石油被大规模使用之后，人们已经不再使用鲸鱼的脂肪作为照明燃料了，但鲸腊依然是一种受欢迎的产品，它为第一次工业革命的机器提供了必不可少的润滑剂，鲸须也被用于制造胸衣等奢侈品。在鲸鱼捕捞的高峰期，海洋上有 1 万多名水手不间断地捕捞着鲸鱼，后果可想而知。由于没有鲸鱼可捕，人们不得不放弃，然而，在 20 世纪初，随着新的市场压力，他们又重返海上。事实上，化学家们刚刚开发出一种名

※ 将鲸鱼切成条状，以提取脂肪并制成油（19 世纪的插图）。

为“氢化”的工艺，可以使高级的油类变硬，并将它们掺入现代家庭为之疯狂的人造黄油中，其比例高达 50%。对鲸鱼脂肪的需求再次爆发，特别是清漆、油漆、肥皂和特种钢的生产商也在使用鲸油。随着新的捕鱼技术的出现，捕鲸行业又重新兴旺起来。在此之前，人们的目标一直是北大西洋露脊鲸和抹香鲸，其他种类的鲸鱼之所以逃脱了被猎杀的命运，要不就是因为速度太快，要不就是因为自重太重，以至于在被拖上船之前就沉入了海底。然而，随着鱼叉炮的发明，打捞沉入海底的鲸鱼不再是问题，船上搭载了飞行器，可以对鲸鱼进行定位，而顺着船尾舷梯，鱼叉可以将鲸鱼直接拖拽到甲板上，以供人们进行操作。工厂船以每天 6 至 8 只的“加工”能力在南半球海域猎杀鲸鱼，结果立竿见影：1929 年到 1930 年，渔季捕获鲸鱼量为 2.2 万只，次年为 3 万只，同期鲸油产量从 25 万吨上升到 60 万吨。鲸群的耗竭速度如此之快，以至于国际联盟不得不插手处理这个问题，并在 1938 年 1 月 16 日通过了一项公约，主张禁止捕捉稀有的、未成年的鲸鱼，以及哺乳期的雌性鲸鱼，但收效甚微，就像 1937 年主张将捕鱼季节减少到 12 周的第一个国际捕鲸公约一样。二战之后，捕鲸行业又重新恢复，1946 年，国际捕鲸委员会成立，该委员会建立了配额制度，并对捕鱼季节的开捕和收捕进行了规定，但没有取得明显效果。工厂船的数量仍在增加，还配备了直升机和声纳，捕鲸量很快就从战后的 23000 只上升到十年后的 43000 只。根据人们的估算，19 世纪以来，大约有 150 万至 200 万只鲸类动物死亡。由于过度捕杀导致鲸鱼数量骤降，1984 年国际捕鲸委员会在第 34 次会议做出了禁止所有商业捕鲸的决定——然而，基于科学研究需要，仍允许某些国家继续捕鲸活动。这个禁令也给渔民们敲响了警钟，渔民们只顾着从资源中获取利益，而不是利用资本去维护自己的未来。此后，一系列的规章制度应运而生，并取得一些引人注目的结果，如蓝鳍金枪鱼又重新出现在了地中海。只是与此同时，一种新的捕鱼方式在法规的灰色地带蓬勃发展，那就是“非法、无管制和未报告的捕鱼”，如今这种捕鱼方式占世界总渔获量的 20% 至 30%。非法捕鱼在各地的发展情况不同，与各国的监视和压制能力密切相关——在欧盟成员国的水域中明显不多，但在几内亚湾非法捕鱼的数量可高达渔获量的 40%——它是造成过度捕捞现象的主要因素，影响到 30% 的海洋种群，并可能造成灾难性影响。

鲨鱼的命运也同样悲惨，这种 2 亿年前就已经出现在地球上的生物——甚至比恐龙还要古老，顺利地躲过了历史上的五次生物大灭绝，却因为人类对鱼翅的贪婪正在面临灭绝的危险。亚洲人有用鱼翅煲汤的传统，由于亚洲国家人民购买力的提高，需求量不断增加，导致鲨鱼的数量急剧减少。虽然 2003 年以来，捕鲨就被禁止，但每年仍然有超过 1 亿条鲨鱼因为人类需要它们的鳍而被杀。然而，鲨鱼作为海洋生物链的顶端生物，它们的存在是必不可少的。鲨鱼数量的降低，会导致章鱼数量的增加，章鱼的增加又导致章鱼的食物——龙虾——的紧缺。鲨鱼的其他食物鳐鱼、小鲨鱼、猫鲨等的数量也逐渐增加，它们吃掉了大量的牡蛎、蛤蜊和扇贝，这将导致水质的恶化——因为这些甲壳类动物往往起到了过滤水质的作用。

今天，过度捕捞甚至引发了人们对水母重回海洋统治地位的担忧。水母是一种古老的生物，至少有 5.65 亿年的历史，在有骨头、外壳或牙齿的海洋捕食者出现之前，它们在很长一段时间内都是海洋的统治者。如今，水母的日子过得很好，甚至可以说是非常好，因为现在的生态系统条件对它们再有利不过了，人类的过度捕捞让它们的（本来就已经很稀有的）捕食者越来越少，比如鲭鱼、金枪鱼、翻车鱼或海龟，而气候变化导致的海水变暖使它们不用再面临像和过去一样的冬季季节性死亡。即使是在工业废料和农业化肥排入海中造成的“死亡区”——也就是水中含

※ P211：水母的回归，这是过度捕捞的后果。

氧量过低造成大量海洋生物死亡的区域，水母们也能很好地活下来。在纳米比亚海域，目前水母的数量占海洋动物群总量的80%。2012年秋天，在爱尔兰海，一群夜光游水母群覆盖了27平方千米、13米深的海域，直接吃光了周围养殖场里的25万条鲑鱼。这真的很可惜，原本，水产养殖业的前途是一片光明的，而水母的出现为之带来了一丝阴霾。

—— 工业化生产 ——

尽管捕捞工业化的程度不断提高，但1996年以来，渔获量就没有再增加了。然而，世界人口还将继续增长，2025年将达到81亿人，2050年将有98亿人，这些人都要吃饭。联合国粮食及农业组织将希望寄托在一个其规模每年增长8%、远远高于过去40年世界人口增长速度的部门——水产养殖。到2050年，水产养殖业可以为人类额外提供多达1亿吨的鱼。实际上，2012年全球水产养殖产量甚至首次超过牛肉的产量。

人类养鱼的历史可谓非常悠久。我们发现，古埃及法老时期，人类可能就在养鱼，比如几年前发现的一座底比斯古墓的浮雕上就有人们在池塘里钓罗非鱼的场景。伊特鲁里亚古文明也养鱼，比如在罗马，人们在潟湖中养鱼，而在印度和中国的人则是将鱼养在了池塘里。最古老的关于养鱼的文字记录其实来自中国——公元前475年范蠡写的《养鱼经》。熙笃会的修道士们也在池塘里养鱼，并且在各处修道院之间形成了运输网络，以便将新鲜的鱼及时送到餐桌上。实际上，正是水产养殖产品的保鲜问题，长期以来阻碍了这一产业的发展，只有到了20世纪，冷藏运输和储存被普及之后，才使得世界范围内的水产品流通成为可能。

随后，水产养殖的市场迅速腾飞，到今天，世界上 60% 的食用鱼类都是被养殖的，到 2030 年，这个比例应该会达到三分之二。亚洲是水产养殖业的龙头老大：中国、印尼和印度占前三甲，前两者的水产养殖量分别占世界产量的 54% 和 27%。即使在非常明确的细分市场中，这种“一骑绝尘”也很明显，中国也是世界上最大的鱼子酱生产国……除了挪威之外，整个欧洲在世界水产养殖排行榜上都排不上号。挪威是三文鱼的故乡，在挪威海岸线上分布着 250 个三文鱼养殖场。当然也有贝类养殖——在拿破仑三世的推动下，法国的牡蛎养殖业得到了特别快的发展——但是，就鱼类养殖而言，法国明显落后于其他国家。法国人食用的鱼类有一半是养殖的，其中三分之二是由中国提供的。这种市场的集中度解释了为什么仅以下六种鱼就占了世界养殖渔业产量的 85%：罗非鱼、鲤鱼、鲇鱼、鲑鱼、鳗鱼、虱目鱼。罗非鱼的优势在于它主要以植物为食，而其他的肉食性鱼种则需要动物性粉料：喂养 1 千克普通三文鱼需要 4 千克鱼粉，而喂养 1 千克蓝鳍金枪鱼，就上升到 20 千克。虽然这些鱼粉是用被捕获的鱼制成的，但是在鱼类资源日趋枯竭的情况下，仍然让人们感到担忧。这就是为什么人类尝试着用鱼粉的替代品来养殖鱼类，比如鸡肉粉，而这些动物粉又带来了新的问题，正如 2016 年圣诞节前夕，《6000 万消费者》（*60 millions de consommateurs*）杂志指出的，有机三文鱼比传统养殖的三文鱼受到的污染更严重。原因是什么？有机养殖的鱼比工业化养殖的鱼要消耗更多的鱼粉，以尽可能地接近鱼类在自然情况下的饮食条件。然而，这些鱼粉的生物性是不可控的——毕竟在海上捕捞的鱼很难追踪其来历——与食草鱼类使用的水生植物不同。此外，还有一些与养殖业本身和在同一空间内鱼类过度集中有关的问题，在一些养殖场，每立方米鱼的集中度超过 60 千克是很常见的，这增加了疾病传播的风险。2007 年 7 月，AIS 病毒（传染性鲑鱼贫血症）使智利的——当时仅次于挪威的世界第二大鲑鱼养殖国——养鱼场的鲑鱼数量锐减，导致一半以上的养鱼场关闭。2011

※ 智利的水产养殖业。

年，在莫桑比克也出现了同样的现象，几乎所有虾类生产都被毁了。然而，水产养殖业也并非没有对当地的生态系统造成影响，比如废弃物的排放，一个拥有 20 万条鲑鱼的养殖场，所排放的排泄物相当于一个拥有 6.2 万居民的城镇。最后，水产养殖业与农业一样，受制于各种标准和要求，比如，农业生产想要为人类提供红润无瑕的西红柿，水产养殖生产者的关注点之一则是要尽可能满足消费者的味蕾，比如，他们向蓝鳍金枪鱼的肌肉中注入脂蛋白，在牡蛎中加入第三组染色体使其失去生育能力，从而提高其成品个头和口感品质。

但是养殖渔业的实践也在不断发展，现在人们倾向于养殖杂食性或草食性鱼种，如罗非鱼或鲮鱼，喂养鱼类的饲料则变成了以大豆和谷物为主的素食。至于排泄物，在亚洲，许多水产养殖场都设立在稻田附近，人们将鱼的排泄物用作稻田的肥料。此外，人们选择用铜这种抗菌材料制成的笼子，从而限制了抗生素的使用。还有人尝试着设计新式的水产养殖场——鱼菜共生，以便向可持续水产养殖发展。鱼菜共生指的是将陆生植物的种植和鱼类养殖混合在一起：特殊的细菌被引入池塘，将鱼的有机排泄物转化为养分，滋养作物，而经过植物过滤和增加含氧量的水则流回到养鱼池塘。这种技术原本打算被用于内陆水产养殖，但人们发现，即使在海洋中也可以应用，这就是“多营养型综合水产养殖”系统，这种系统意味着在同一空间内饲养多个不同种类的海洋生物，以缩小食物链的规模。水产养殖户如果把鱼、贝类和海藻的养殖结合起来，就会发现鱼的有机废弃物经过贝类的过滤，会转化为营养物质，能够用来喂养附近养殖的软体动物，而藻类则能够吸收和过滤所有生物释放的氮气，同时释放出氧气，以净化水质。藻类是另一种不断增长的资源。

—— 食用藻类 ——

如今，藻类是处于隐形状态的，至少在西方，它普遍存在于我们的日常食物中，而我们却常常意识不到，琼脂、卡拉胶、海藻酸盐，这些都是具有胶凝特性的食品添加剂（从 E400 到 E407），它们往往被加入冰激凌、工业糕点或肉类冷盘之中。比如，从红藻中提取的琼脂，就被添加到了孩子们喜欢的糖果之中。藻类不仅具有胶凝特性，而且还具有增稠和稳定作用，是甜品奶油、冷冻披萨和苏打水的重要组成部分，它们也可以被直接食用。在全世界每年 2700 万吨的海藻产量中，实际上 75% 都被人类直接食用了，其中主要是亚洲人。在亚洲，食用海藻已经有几千年的历史，以至于当地人的身体已经发展出了一种特殊的肠道菌群，有利于消化海藻。因此，亚洲大陆集中了世界海藻产量的 95%，这绝非巧合，中国以每年 1400 万吨的产量成为这一市场的领头羊，远远超过印尼的 500 万和菲律宾的 150 万。如今，全世界海藻产量有 96% 来自人类养殖的海藻，且还在呈指数级增长，但西方国家的海藻产量依然很少，哪怕是拥有世界第二大海域的法国，每年近 7 万吨的产量也已经是上限了。对于法国人来说，我们之所以很少直接食用海藻是因为它们的形状和质地很奇怪，即使我们食用它，也是在吃寿司的时候顺便吃进去的，比如大厨杰罗姆·班克特（Jérôme Banctel）在去过日本之后，就在他开的加百利饭店（Le Gabriel）中推广食用海藻。法国允许食用的海藻有 24 种，分为红海藻、褐海藻和绿海藻三个系列，其中绿海藻在干燥时会挥发出有害的气体，但新鲜的绿海藻却非常美味。消费市场也开始对海藻产生兴趣：欧洲第一座野生海藻矿床位于菲尼斯泰尔（Finistère）附近的海域，归属环球出口公司所有，因此该公司成了法国市场上的佼佼者，每年有 350 吨海藻被用来制作其旗舰产品——生拌三种海藻或涂有一层昆布海藻膜的调味球，并出口到大约 15 个国家。

事实上，海藻要想真正大放异彩，很可能要像之前的鱼类一样，通过以“健康”和“营养”之类的口号进行宣传，而实际上这些要素都是海藻具备的。按照营养学家的话说，海藻确实有可以让人保持青春活力的功效：海藻含有的维生素 A、维生素 C 和维生素 B_{12} 有利于皮肤和神经组织的健康，它们所含的抗氧化剂和纤维有助于减少心血管疾病，它们含有的微量元素，如铜、锌、锰、碘和钙，有利于甲状腺和免疫系统的正常运作，再加上它们的热量非常低——每 100 克只有 30 至 40 卡路里，相当于一个苹果—— 一个光明的未来一定会在海藻面前打开！ 因此螺旋藻消费的飞速增长当然也不是偶然——法国每年的螺旋藻消费近 150 吨。螺旋藻出现在 35 亿年前，盛产于亚热带和干旱地区，如今生活在乍得和墨西哥的人——卡内姆布人（Kanembous）和阿兹特克人通常将其做成煎饼食用。如今，螺旋藻之所以受人们追捧，不仅在于其营养丰富，还在于它含有大量微量元素：一茶匙 10 克的螺旋藻营养粉浓缩了相当于三碗菠菜的铁、四根胡萝卜的维生素 A、三杯牛奶的钙和 35 克牛肉的蛋白质。目前，“布列塔尼螺旋藻”是唯一一家直接出售原装螺旋藻食品的公司，尤其是他们的螺旋藻夹心巧克力球。因此，吃藻类成为一种时尚，就像喝海水一样。

—— 饮用海水 ——

在 20 世纪 90 年代，一个无法摆脱的困扰成了地缘政治问题的核心——水之战争。淡水渐渐枯竭，人口数量激增，对于一些地区来说，冲突是不可避免的。只是，人们都忘记了另一个参数——海水。虽然陆地上并不缺水，但水资源的分布不均。一些国家，如加拿大、智利或新西兰的可用水量估计为每人每年 50000 立方米，而其他一些地区——马格里布、波斯湾国家或中亚——则被认为是缺水的，可用水量甚至达不到每人每年 1000 立方米。而且，还有一个中间阶段叫水资源紧张——世界卫生组织将其设定为人均年供水量低于 1700 立方米——预计到 2050 年将影响 40% 的世界人口，也就是可能影响 40 亿人。

因此，在未来几年中，获取淡水至关重要，而海水淡化则是一个可能的解决方案。海水淡化工厂遍布全球。2017 年，17000 家工厂分布在世界 150 多个国家和地区，海水淡化主要依靠两种技术。第一种技术是蒸馏，蒸馏的历史几乎和我们的世界本身一样古老，它指的是加热海水产生蒸汽，然后冷凝除去盐分，从而产生淡水。由于蒸馏技术非常耗能，因此主要在波斯湾地区的国家中使用，这里淡化的海水占全世界总量的三分之一。蒸馏产生的淡水，每立方米的成本估计在 0.9 至 1.8 欧元之间，这种工艺的缺点是会向大气释放大量的二氧化碳，而第二种较新的技术——反渗透技术——则没有这个问题。在反渗透技术中，淡水是在高压下通过渗透膜喷射出来的，渗透膜会拦截盐分透过。渗透膜技术生产的淡水成本比较低廉，约为每立方米 0.3 至 0.9 欧元，但它对自然环境也会产生影响：如果将多余的盐分排入陆地，则会让土壤变得干旱；如果排放到海里，盐分浓度过高，也会对海洋生态系统产生有害影响。这种工艺在美国、中国、西班牙和阿尔及利亚都有使用，目前它生产的淡水占全球海水淡化总量的三分之二。

实际上，海水淡化的成本仍然很高，因此对很多发展中国家来说，推广海水淡化很困难，但海水淡化却吸引了那些不差钱又希望实现淡水自由的国家。以色列无疑是最好的例子，他们的第一家海水淡化厂于 1972 年在埃拉特开工，但 2005 年至 2012 年肆虐的旱灾引发了以色列人更大的雄心。在此期间，以色列动用了其淡水储备，甚至导致了太巴列湖的水位降至“红线”以下，在这一水位上，继续取水是很危险的，这也加剧了以色列与邻国的紧张关系。在以色列政府的推动下，过去

※ 脱盐工厂。

十年里有五家海水淡化厂投入使用，如今，以色列家庭消费的水有 70% 来自海洋。虽然现在他们的水资源过剩，但以色列依然打算进一步提高海水淡化的产能，目标是到 2020 年将工厂产量提高 50% 以上（截至作者成稿时）。

—— 住在陆地还是住在海上——沙子的重要性 ——

说到沙子，我们会想到在沙滩上玩沙的年轻人——有的时候是小朋友们——他们会用沙子搭建城堡，却并没有想到其实沙子在我们的日常生活中是非常重要的。我们模模糊糊地知道，沙子能被用来制造玻璃，但它所含的 180 种矿物质，大部分与我们的日常生活有关，却不为我们所知。比如，人们从沙子中提取二氧化硅，这是洗衣粉、纸张、化妆品、葡萄酒和脱水食品等各种产品中的重要组成元素。硅元素也是高科技产品必不可少的成分，数码芯片和手机都离不开它。甚至飞机也是由沙子构成的，机身的轻合金、发动机、油漆以及轮胎都是用沙子做的。沙子使用量最大的行业，毫无疑问是建筑业。

一个半世纪以来，人们将沙子与水泥混合在一起，实现了建筑业的伟大革命——钢筋混凝土，今天全世界三分之二的建筑都在使用钢筋混凝土结构。建筑业每年消耗的沙子用量超过了 150 亿吨：建造一座中等规模的房子需要 200 吨沙子，一千米的高速公路需要 30000 吨，一座核电站则需要 1200 万吨，而且人们使用的沙子越来越多地来自海洋。沙漠中也有沙子，不少人会觉得应该就地取材，然而，沙漠中的沙子虽然取之不尽，却毫无用处，因为沙漠中的沙子是被风侵蚀过的，因此是圆形的、光滑的，而混凝土需要棱角分明的粗糙颗粒。实际上，我们在陆地上、采石场里、河床和溪流中发现的沙子是最理想的，但其储量已经几乎被我们耗尽，如今只剩下那些我们从大海中提取的“骨料”。然而，在资源越来越稀少的情况下，提取“骨料”也开始出现严重的困难。实际上，90%的海沙来自陆地上的山脉，这是岩石被侵蚀的结果，细小的岩石随着河流被带入了海滩。但是，随着人们疏导河流、修建水坝，山脉的岩石不再被大量侵蚀，这使得50%的沙子不再流入大海，这件事的直接后果就是海岸侵蚀。上游的含沙量减少，人们在下游抽取的沙子数量则增加了，一艘挖沙船每天可抽沙4000至40万立方米，从而直接导致了海岸线的退缩。在不计后果的肆意开发中，我们甚至可以看到一些岛屿的消失：印度尼西亚就有25个岛屿因此消失了。这些消失的岛屿，是新加坡大量进口沙子的受害者，新加坡每年进口大量的沙子用来填海，从而扩大国土面积。虽然代价如此巨大，但新加坡并不打算停止自己的扩张。在过去的40年里，它的表面积增加了20%，并打算在2030年之前再扩张20%。这种填海造田的现象，有的时候其规模之大令人咋舌，比如迪拜为了修建三个棕榈岛，每年需要从澳大利亚进口1.5亿吨沙子，花费高达50亿美元。

这种填海造田，实际上与全世界范围内普遍存在的向海岸移民的心态有关。世界上60%以上的人口已经居住在沿海地区，到2025年这一比例将上升到75%。这种人口流动对于海洋本身来说绝对不是毫无影响的，因为这意味着更多的废弃物被排入大海。80%的海洋污染来自陆地，特别是由于废水处理厂的数量不足——例如，在地中海沿岸，人口数量超过10万的大型城镇聚居区中，有一半以上的地方既没有废水处理厂，也没有净水网络——但这也是我们的过失。臭名昭著的“塑料垃圾带”——太平洋中有两个，印度洋中有一个，大西洋中有两个——完全是人类造成的：人类每年倾倒入海洋的塑料重达800万吨，相当于每分钟向海洋里丢弃一整个垃圾车的塑料。如果我们再不做些什么的话，到了2050年，每分钟丢入海洋的将是四垃圾车的塑料。

世界人口在沿海地区集中居住，这一现象并非没有风险。一方面，全球变暖造成水位上升，另一方面，过度采集沙子让海岸的结构变得脆弱，无法抵御海浪的侵蚀，进一步加剧了水位的上升。而且这种现象正在加速，20 多年来，海平面平均每年上升 3.2 毫米，而政府间气候变化专门委员会预测，如果我们不采取行动，到 21 世纪末，海平面将上升 1 米。因此，减少我们的二氧化碳排放量是当务之急，而海洋的能源资源可以帮我们实现这一目标。

—— 能量来源 ——

海洋能为我们提供能源，这并不是什么新鲜事。从 20 世纪初，人们就开始从海洋中开采石油、天然气，现在我们又通过海洋可再生能源来发电。按照国际能源机构的说法，海洋能源的前景是很光明的。这些海洋可再生能源每年可以生产 20000 至 90000 太瓦的电力，可以满足全世界每年电力消耗中的一大部分。海洋可再生能源有很多种形式，它们在技术上的成熟度和潜力也是不同的。潮汐能源，无疑是海洋可再生能源中最古老的一种，但也是受限最多的。潮汐磨坊的历史，可以追溯至 6 世纪，当然现在人们更多的是采用涡轮机来发电，不过原理是一样的，就是利用高水位和低水位之间的水平差来产生势能。法国在这一领域一直是先行者，早在 1966 年，朗塞潮汐电厂就已经投产了，一直等到 2011 年，韩国的始华湖潮汐电厂落成，朗塞潮汐电厂终于不再孤单。之所以过了这么多年之后，始华湖潮汐电厂才落成，在很大程度上是因为潮汐这种海洋可再生能源的限制性很高，需要关闭

※ P224—225：迪拜的棕榈岛。

河口或者海湾才能修建潮汐电厂。

另外一个海洋现象也很诱人，那就是海浪。海浪是世界上分布最广的资源，在绝对意义上讲，开发海浪能源的潜力很大，但在现实层面上，驯化海浪的过程有些棘手。全世界已经有 100 多个项目正试图攻克这一难题，但目前为止结果都令人失望。比如，佩拉米斯（Pelamis）波浪能转换器看上去像一条威武雄壮的大海蛇，但当它在苏格兰沿海测试时，人们发现它无法利用从前方涌来的海浪，它最多只能供电给 900 户人家，远远无法满足岸边居住的 22.5 万居民。西班牙巴斯克地区的玛垂库波浪能发电厂的供电能力也不够强大，法国的“GEPS 科技”计划也是一样，只能给 500 户人家供电。在利用波浪能方面，我们距离成熟的技术还有很长的路要走，因为，与潮汐能发电——也就是水下版的风力涡轮机——不同，波浪能仍然存在水流分布不均的问题。的确，洋流的强度大小是可以预测的。对于波浪能的利用来说，最有利的地区仍主要在欧洲和北美，目前有十几个项目正在开发中。法国第一个潮汐涡轮机园区于 2019 年在瑟堡沿海落成，七台功率为 2 兆瓦的涡轮机被安置在布朗夏尔海峡水底约 30 米处，所产生的电能可以满足 1 万至 1.3 万人的年用电量。法国的潮汐能供电潜力估计在 2000 到 3000 兆瓦之间，还远远不能彻底替换碳基能源，不过与海洋热能的发电总数差不多。海洋热能是利用海洋表层和深水之间的温度差发电，利用海洋热能发电的优势在于，这种技术能全年无休地工作，不需要休息，但问题是它需要 20 摄氏度的温度差，所以这种技术只在热带地区的海洋中使用。海洋热能发电技术对于法属海外群岛来说很有意义，因为它可以和在法属波利尼西亚、法属波拉波拉岛和法属泰蒂亚罗阿环礁上所使用的深水源冷却系统相结合，为旅馆和医院提供冷气。接下来，是在技术上最复杂同时也是最不成熟的

※ P227：浮体式离岸风力发电机。

WF1

“海水盐差能”：用一层膜将淡水和海水分开，淡水在盐分子的吸引下向海水一侧移动，使得盐水一侧的压力增大，从而启动涡轮机。迄今为止进行的各种相关实验还没有定论，但光与物质研究所开辟了一条新的途径，这要归功于硼氮纳米管的出现，它使得电流产生的效率比目前所达到的效率高了 1000 倍。

如今，被人们利用最多的海洋可再生能源是风能。海上风力发电的运行原理和陆地上的风力发电机是一样的，但其优势在于海上的风更稳定、风力更大。第一片海上风力发电机园区于 1991 年铺设在丹麦的沿海地区，按照国际能源机构对美好前景的设想，更多的海上风力发电园区将被投入使用，预计 2030 年，发电量将达到 300 吉瓦，2050 年达到 650 吉瓦。这些预测是基于机器产能的增加——2010 年 3 兆瓦，2018 年 8 兆瓦，2030 年前将达到每年 10 至 20 兆瓦——这直接有助于降低电力生产成本，并且不再需要政府的“上网电价补贴”。2017 年 3 月，德国最近一次招标的中标者们将直接在批发电力市场上销售他们的电力，这是第一次。海上风力发电的前景看上去十分美好，这多亏了浮体式风力发电机的技术越来越成熟，人们已经不再需要担忧风力发电机安装之处的海水深度的问题（之前的海上发电机是插在海床之上的），能够前往离海岸更远的地方寻找风向，并最终从更大的可开发风能中获益。在法国，人们估计浮动式风力发电机能够发电的最大电量为 46 吉瓦，而固定式风力发电机能够发电的最大电量为 20 万瓦，到了 2030 年，被安装投产的海上风力发电设备预计能输送 9 吉瓦的电量。据估计，同期的英国将从海上风力发电中获得 23 吉瓦的电量，而德国则会有 17.5 吉瓦。英国和德国是风力发电市场的领头羊，英国电厂的装机量为 5 吉瓦，相当于五个核反应堆，德国的装机量为 4.1 吉瓦，但又有一个新的玩家站上了领奖台——中国和它 1.6 吉瓦的装机量，这是风力发电绝对崛起的标志。不过，尽管海洋可再生资源有着光明的未来，但其他的海洋部门也引起了人们的强烈关注，那就是海洋动植物资源和矿产资源。

—— 未来…… ——

化学家们对海洋环境仍然知之甚少，在今天已知的145000至150000种天然物质中，仅有10%来自海洋生物。但是，我们知道，我们地球的大部分物种都生活在海洋中，并且由于海洋环境的极端条件，其生物多样性要比陆地生物多样性高得多—— 一些细菌在热液喷口附近繁衍，那里的温度非常高，并且没有一丝光亮。还有，海洋广阔的环境使得像鲨鱼和水母这样的活化石得以生存至今。这就是为什么海洋动植物正在吸引越来越多的研究团队和医药集团，并且他们已经取得了一些非常具体的成果。2004年，第一种基于海洋分子的药物齐考诺肽（Ziconotide）出现，它被用于止疼。化妆品行业也从海洋中汲取灵感，比如，护肤霜中会使用伪蕨素（pseudoptérosine），一种从白沙箸中提取的元素。该领域的专利数量不断增加，发达国家申请的居多。美国、日本和八个欧盟成员国位居海洋遗传资源开发的前十位。还有一些部门对藻类很感兴趣，因为它可以作为生物燃料的基础或塑料替代物——其优点是可生物降解。而我们的冒险才刚刚开始，正如我们对水下矿产的开发也才刚刚起步。

人类对金有着永恒的迷恋，不但陆地上始终流传着能点石成金的“贤者之石”的传说，海洋也吸引着一批又一批的淘金者。比如，德国化学家弗里茨·哈伯（Fritz Haber）就曾经决心通过从海水中提炼黄金来让德国偿还《凡尔赛和约》所要求的债务。根据瑞典化学家斯万特·奥古斯特·阿伦尼乌斯（Svant August Arrhenius）的估计，海洋中的黄金持有量为80亿吨，因此哈伯预计每吨海水中的金含量为5毫克。1925年，搭载了一个实验室和一个小型过滤设备的“流星号”出发了，但哈伯发现，海水中的含金量实在太低了——每吨 0.008 毫克，完全无法收回成本。

矿产资源一直以来都既让人神往，又充满了神秘色彩，比如儒勒·凡尔纳小说《海底两万里》中，尼摩船长的“鹦鹉螺号”潜艇，不正是从海水的矿藏中获得动力能源的吗？20 世纪 70 年代，海底矿藏曾经是一个热门的话题，而到了今天，人们对海底矿藏的了解更加具体了。首先，我们对海洋底部的情况了解得越来越多，仅在克拉里昂·克利珀顿断裂带（zone de Clarion-Clipperton）中，多金属结核的储量估计是陆地镍储量的 1.8 倍，而镍金属的陆地储量估计将在 40 年内耗尽。陆地资源即将耗尽所带来的压力，让人们重新关注起了海底岩石凝固物、硫化物簇和其他富钴结壳，特别是由于目前对金属的回收远不能满足人们的需求，像铜这样的金属，虽然可以无限次重复使用，但与所有其他金属一样，只能在其生命周期结束之前被重复使用。例如，笔记本电脑和电气设备中铜的使用期限为五到十年，而建筑业中铜的寿命则为 30 年——建筑业也是铜消耗最多的部门。因此，人们迫切地需要寻找新的资源，我们知道海里有这些资源，但问题在于如何开采它们。这就是问题所在，虽然由于 20 世纪 70 年代以来开展的各种探测活动，矿产资源的测绘结果开始变得越来越精确，但长期以来，对海底矿藏的开采仍然存在问题。这些矿物藏在海底，其深度令人目眩。通过科学技术和潜艇的帮助，人类当然可以潜入海底，但是在那里挖矿则是另外一回事儿。今天，我们有了一些新的进展，因为我们有了帮手，比如 ROV 机器人（遥控潜水器）和其他的 AUV 机器人（自主水下航行器），它们可以下潜至人类无法抵达的大海深处，但是它们的出现，会不会对海洋环境造成影响呢？这就是问题的重点。因为，为了开发这些海洋资源，我们将冒险进入深渊，探索未知，追寻生命的起源，抵达最终的边界。

※ ROV机器人，水下机器人的一种，能够协助人类进行海底探测。

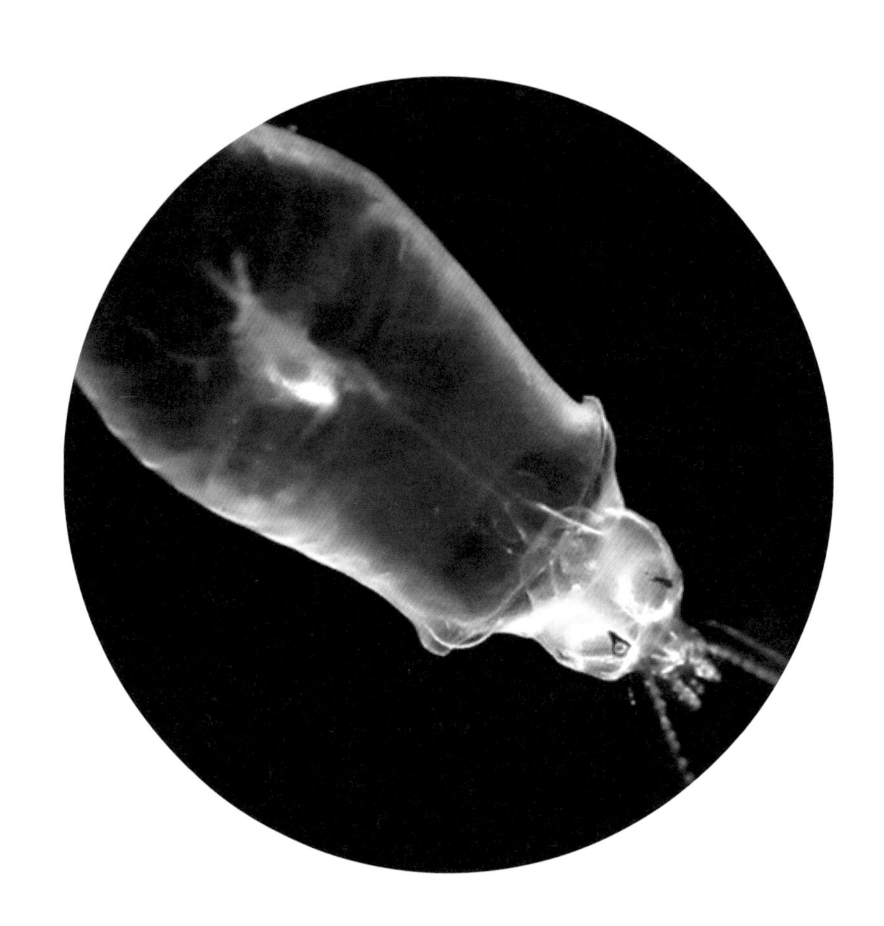

※ “塔拉号”在印度洋考察期间采集的头足类幼虫。

海渊：最后的疆域

赫拉克利特曾说，深渊，就是“黑暗与深不可测的黑夜统治的地方”。这种看法显然也影响到了人类对海底世界的研究，因为直到19世纪下半叶，还没有一位科学家对海洋深处的研究真的充满热情。雨果在《海上劳工》(*Les Travailleurs de la mer*)中的描写无疑给人留下了深刻的印象：“面对抵达海底深渊要遇到的可怕困难，人类终于幡然醒悟，把对知识的渴求转移到了其他更容易到达的地带。毕竟，如果上帝想让海洋深处变得可以被人类理解，难道他就不能把它变得不那么遥远，不那么神秘吗？”

不管是假说还是理论，海渊在很长一段时间内都是人类幻想甚至是胡思乱想的对象。因此，希腊人认为，越往下走，海水越热，因为它们被地球的内部火焰加热着。虽然当时的潜水员们在水下探险的时候感到了海水的冰冷，虽然水手们把装满水的水囊浸入海水深处用来降温，但这些都无关紧要，重要的是，我们把海底想象成一处可怕的水域芭蕾舞剧院，舞台上点缀着从地底里时不时升起的熔岩流，还伴随着来自海底深处的声音和光线……毕达哥拉斯想象那里纵横交错，起伏不定，这是由于地球中心之火的炙烤造成的。柏拉图想象那里有不同直径的管道穿孔，让水流入塔尔塔罗斯(la Tartare，希腊神话中的地狱)，在那个可怕的地下监狱中，堕落的神灵和神话中的罪犯正忍受着煎熬。最后，有人构建了一个含糊不清的理论，即认为有一条水下隧道连接了爱琴海和亚得里亚海。亚里士多德是唯一的例外，他认为海渊中是均匀的泥浆和浅水，压迫并挤压着海底。的确，亚里士多德认为，海水只有表面一层才是咸的。

中世纪的教士们也没有发现更多的东西。正如我们之前讲过的，他们一直纠结于海水水位是否会上涨的问题，以及暴风雨来临的时候为啥海水不会溢出。当时被

※ P235：日本小笠原群岛中心的火山喷发，从2013年11月开始，“西之岛火山”至今仍在喷发。

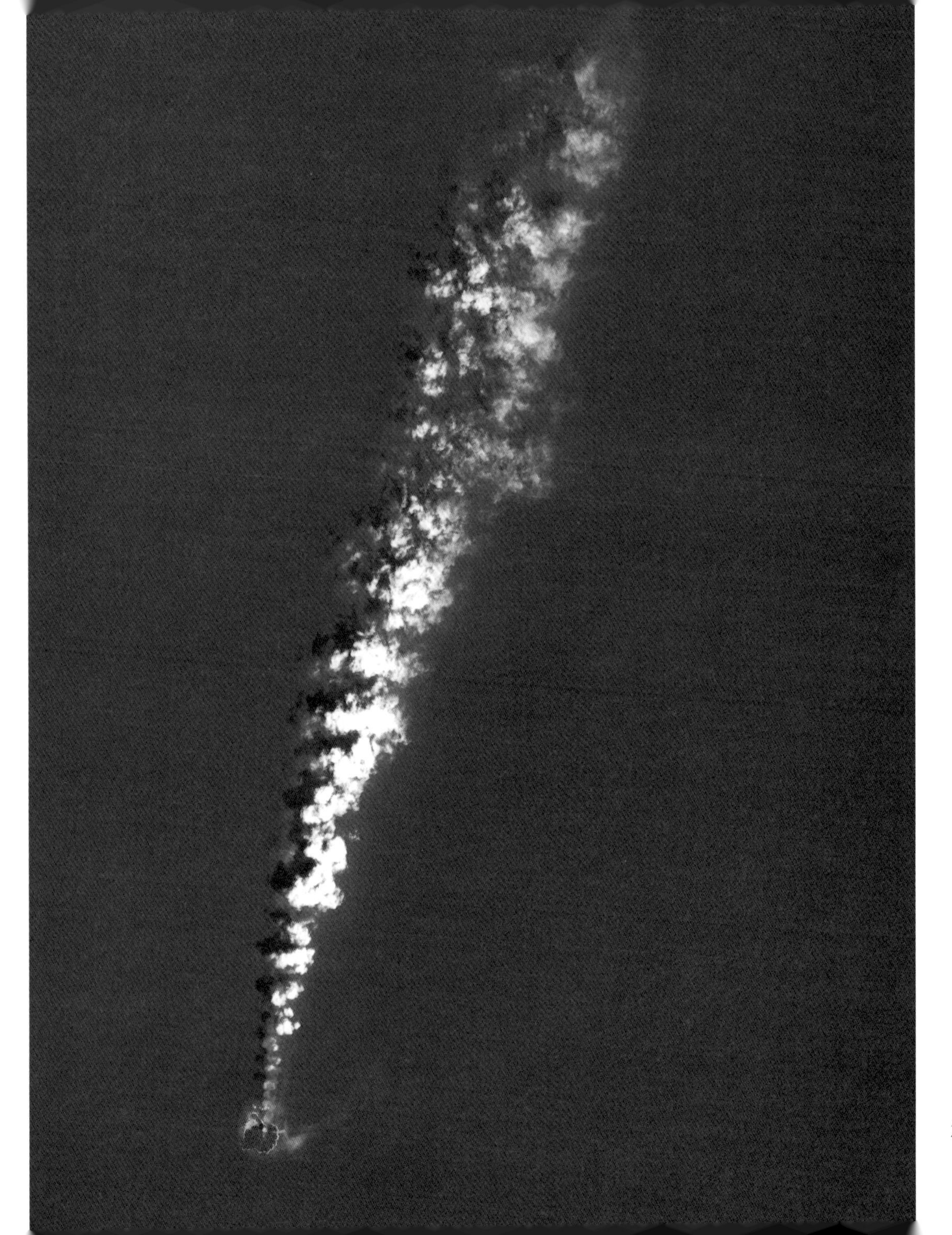

人们普遍接受的解释是，海洋的底部是一道裂缝，多余的海水将会流到地心，或流入河水的源头，以补充水分。17 世纪，耶稣会会士阿塔纳修斯·基歇尔（Athanasius Kircher）甚至在他的《地下世界》（*Mundus Subterraneus*）一书中描述了一个深奥的大洋间虹吸模型，根据这个模型，全球的海洋通过排入一片巨大的地下海洋来调节其海平面，而这种排空还可以解释潮汐和洋流。这个地下海洋的神话最近得到了证实，2014 年 6 月，来自西北大学和新墨西哥大学的科学家们声称发现了一片位于地表下 700 千米处的巨大水体。这片水体被包裹在一种蓝色的矿物——尖晶橄榄石中，其体积大约是我们的海洋的三倍。

直到 19 世纪初，海渊才引起了科学界的兴趣。人们测量海渊深处的水温，从那里采集样本以研究盐的成分，很快地，英国博物学家爱德华·福布斯（Edward Forbes）认为海渊是“无生命区”的理论被普遍接受。1841 年，福布斯在爱琴海进行探测活动时注意到，随着海水深度的增加，他抽取的样本中的生物量越来越少，于是，他从一个特定的案例中得出一个普遍性的结论，认为深度一旦超过 600 米，所有的海洋生物就都消失了。这个结论显然忽视了同一时期的葡萄牙渔民的海上经验，他们曾经从大西洋 650 至 1000 米的深处捞出鲨鱼。这个结论也意味着忽视了伟大的北极和南极探险家们，特别是罗斯家族的观测结论。1818 年，约翰·罗斯（John Ross）在巴芬海开展海底探测时，在 1830 米深处发现了混杂在泥浆中的无脊椎动物、蠕虫、甲壳类和海星。他的侄子詹姆斯·克拉克·罗斯（James Clark Ross）虽然在争夺“抵达南极大陆第一人”的比赛中输给了迪蒙·迪维尔（Dumont d' Urville），不过他留在了南极地区展开各种调查，回来之后，他坚信在大洋深处有生物活动的存在，甚至断言道：“虽然这种观点与博物学家们普遍持有的观点背道而驰，但我毫不怀疑，在我们设法从海底深处带出的一些淤泥和石头之中，发现了生命的迹象。海底深处的极大压力似乎并没有影响到这些生物……”

如果不是因为要在海底铺设电报电缆，这几次探测的结果可能不会引发太大的水花。铺设电缆意味着最好对海底地势和海床的性质有更深入的了解，于是对海底的勘测次数增加了。有时候，破坏也可能导致新的出乎意料的发现：1860 年，在地中海，亨利·米尔－爱德华兹（Henri Milne-Edwards）从海底 2180 米的深处捞上来一条被切断的海底电缆，他在上面发现了一种单生的珊瑚和一些软体动物。

但主张海渊里没有生命的人们并没有放弃己见，他们只是同意承认，就像伟大的生物学家托马斯·亨利·赫胥黎那样，“在冰冷黑暗的深渊中存在着忙碌又辛苦的失明动物”。然而，在儒勒·凡尔纳的《海底两万里》横空出世之后，公众舆论对海底世界的热情似乎一下子被点燃了，这种舆论压力或多或少也促成了后来的“挑战者号”（HMS Challenger）探险。

查尔斯·威维尔·汤姆森（Charles Wyville Thomson）是“挑战者号”远征的首席科学家，19 世纪 60 年代末，他曾经分别搭乘“闪电号”驱逐舰（HMS Lightning）和“豪猪号”驱逐舰（HMS Porcupine）在东北大西洋和地中海进行人类首次大型海洋勘探活动。通过深海探测，他发现在海底 4000 米处存在着大量的种类丰富的生命，这一考察结果对“海底无生命区”理论造成了沉重的打击。他还揭示了海底洋流的存在，并发现深海的温度很低——大概在零下 9 摄氏度到 2 摄氏度之间，而此前人们认为深海的温度是均匀的，比较暖和，约 4 摄氏度。他将自己所有的观察和发现都记录在 1873 年出版的《海洋深处》（*The Depths of the Sea*）一书中，正是由于他的成功经验，海军部委托他带领“挑战者号”执行环游世界的任务，以证明他在部分海域中观察到的情况在所有海洋中都是普遍存在的。“挑战者号”的任务从 1872 年持续到 1876 年，行程 13 万千米，在海底几千米的深度进行了 362 次观测，采集了 1.3 万个标本，发现了 1500 个新物种。100 名科学家花费了将近 20 年的时间才完成对所有观测数据的分析，最终的研究报告长达 29552 页，从此，“深海是

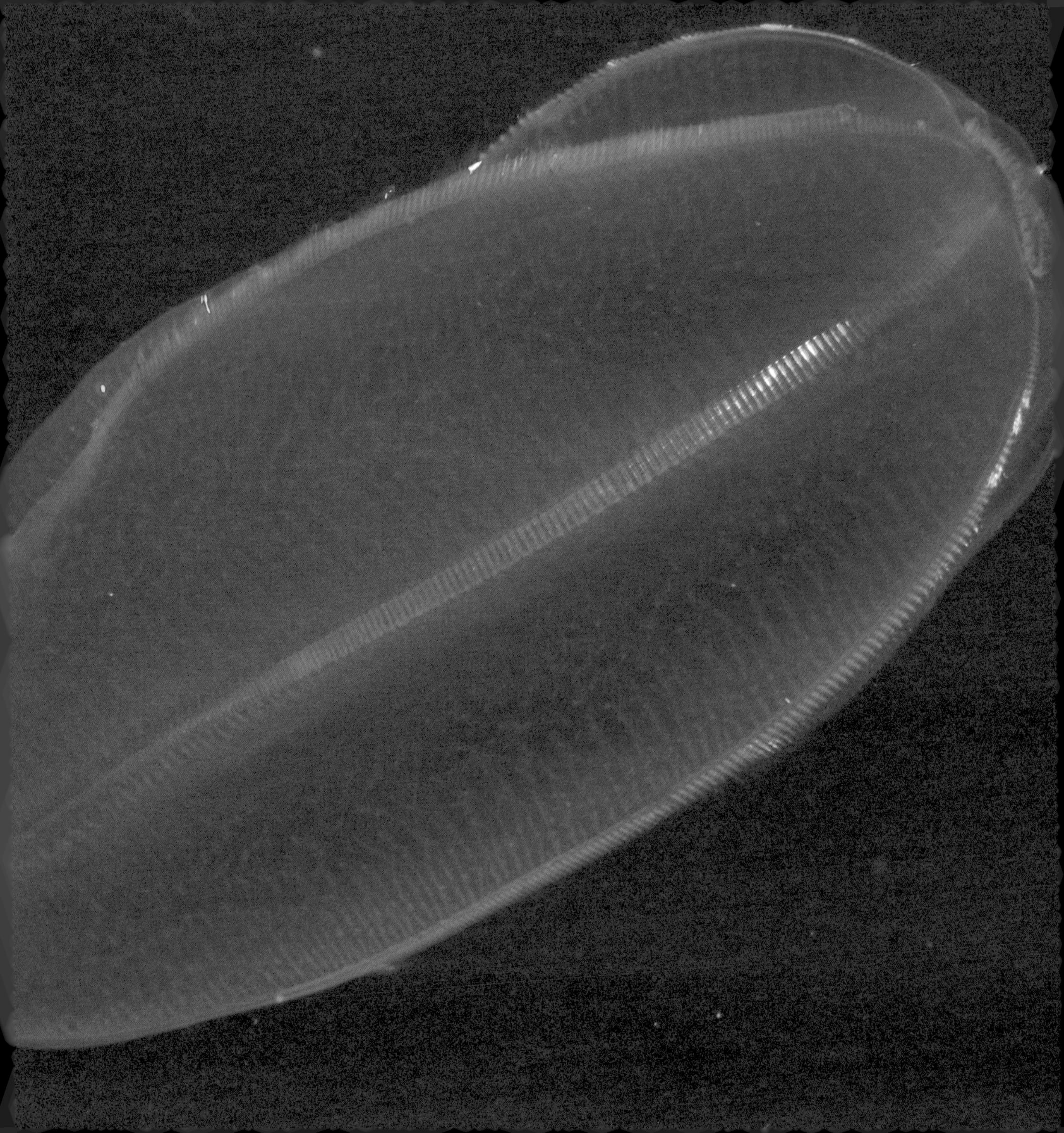

否有生命存在”的问题有了最终的答案。这次远航考察产生了相当大的影响，并引发了无数次后续的海洋探索活动。随着民族主义浪潮的兴起，没有一个国家愿意把荣誉的桂冠留给英国。拥有“布拉卡号”（Blaka）和“信天翁号”（Albatros）的美国在1880年加入了这场竞赛。同年，法国派出了“工人号”（Travailleur），然后是“塔利斯曼号”（Talisman）。几年之后，其他国家也加入竞争，比如1895年奥匈帝国的“波拉号”（Pola），1900年荷兰的“希格巴号”（Sigoba）。德国人也于1898年首次派出了“瓦尔迪维亚号”（Valdivia）参与海洋与水文探测，因其丰富的成果引起了不小的轰动，其科学团队甚至设计了一个浮动的海洋学观测点。“挑战者号”的远征也激发了摩纳哥国王阿贝尔一世对海洋的兴趣，收集的样本展览让他着迷，于是他决定投身于被他称为海洋学的事业中。他将自己的“燕雀号”（Hirondelle）快艇改装成一艘海洋考察船，1888年开始在地中海进行首次科考巡游。从此，这位国王每年都会花两到三个月的时间在海上考察，并且定期更新他的考察船——“爱丽丝公主号”（Princesse Alice）、“爱丽丝公主二号”（Princesse Alice Ⅱ）、“燕雀二号”（Hirondelle Ⅱ），他的这些船都成了名副其实的海上实验室。国王的努力终于有了回报，在佛得角群岛附近、海底6035米的地方，他捕获了一条鱼，在此后的50年内，人们没有在海底更深的地方找到其他生物，人们开始怀疑这是否就是海底生命存在的极限深度了。我们之前也提到过，第一张海洋测深图就是在这位国王的命令下，在1904年被绘制出来的。1912年，约翰·穆奈（John Munay）和约安·希约特（Johan Hjort）根据5969次测深结果绘制了新版海洋探测图，并记录在了他们的《海洋深处》一书中。

然而，第一次世界大战后，人们对深渊的热情逐渐减退。预算紧张，政府更愿

※ P238：栉水母，发现于南极洲阿黛利地的迪蒙·迪维尔研究基地附近的海域。

意将资金集中投入到利润更高的工业渔业上。当然，人们依然能时不时地在深海之中发现一些新东西，比如，1938 年，我们发现了腔棘鱼——之前以为它已经灭绝了。不过，整体而言，人们普遍认同西奥多·莫诺（Théodore Monod）在他的《深潜》（*Bathyfolages. Plongées profondes*）一书中提出的观点。1954 年，他对深海的描述如下：1. 黑暗；2. 寒冷；3. 极深；4. 贫瘠。的确，这些深渊并不是特别吸引人，在仅仅 150 米深度的水下，99% 的阳光都被海水吸收了，而到了 1000 米的深处，就完全是一丝光线都没有了。越往深处，水温就越接近零度，更重要的是，深度每增加 10 米，压力就增加 1 个大气压，在海底 10000 米处，压力是地面的 1000 倍。除了黑暗、贫瘠、糟糕之外，我们还能找到别的形容词来描述在海渊里的生活吗？然而，也是在《深潜》这部书中，莫诺指出人类当下的认知可能是很有限的："想象一下这个场景，我们坐在热气球上，隔着厚厚的云层，通过一根绳子和绳子下方系着的一只篮子，盲目、随机地打捞，这样做能让我们对法国的陆地生物有多少了解呢？就算我们运气够好，50 年、100 年之后，我们能捞上来一些什么东西呢？恐怕收获不会很多：一只公鸡、几根树枝、一两个松果、一个布列塔尼头饰、一个来自阿尔萨斯的婴儿、一个胸罩、几个牡蛎壳、一本非常糟糕的文集……"从根本上说，在我们做了这些海洋勘测之后，最关键的是该去海底看一看，为此，必须要发展相应的技术。

而从这个角度来看，我们对潜水方法的想象，长期以来一直停留在亚历山大大帝那口著名的透明潜水钟上。在文艺复兴时期，古列尔莫·德·洛雷纳（Guglielmo de Lorena）用自己发明的潜水钟在涅米湖（Nemi）里进行探索，寻找卡里古拉（古希腊著名暴君）的沉船。1691 年，爱德蒙·哈雷取得了勉强算是一点点的成就，他给潜水钟

※ P241：潜水员被章鱼攻击。《小巴黎人报》（*Le Petit parisien*）插图，1904 年。

增加了两个桶，其中一个桶通过由水龙头控制的软管向潜水钟内供应新鲜空气，而另一个桶则用来排出富含二氧化碳的空气。18 世纪末，潜水钟终于慢慢退出历史舞台，逐渐被潜水服所取代。让 – 巴蒂斯特·德·拉·夏贝尔（Jean-Baptiste de la Chapelle）神父发明了一种软木潜水服，并称之为 scaphandre，这个词由两个希腊词汇 skaphe（船）和 andros（人）构成，这种潜水服在任何情况下都能使头部保持在水面上，能让人保持愉悦的优雅感，在水中游泳的时候还能保持头发和头饰完好无损。此后，人们又进行了反复的实验和摸索。1715 年，皮埃尔·雷米·德·波夫骑士（Pierre Rémy de Beauve）设计了一种带有铁质护胸甲的潜水衣以抵御水下压力，同时在水面上操作一个巨大的锻造风箱，为水下的潜水员提供空气，而潜水员呼出的气则通过另一条管道被排出。不过，最终是英国人开发了第一台真正可操作的机器：约翰·莱斯布里奇（John Lethbridge）改造了一个木桶，在木桶上装了一个与面部水平的舷窗，这样他就可以看清外面，并配备了两个套筒，这样他的手臂可以伸出木桶自由活动，因此他就可以“乘坐”这个木桶打捞沉船。他的“打捞沉船”生意很快就兴隆起来，世界各地的人都请他去打捞沉船。他甚至和荷兰人签订了打捞“斯洛特·霍格号”（Slot ter Hooge）的合同，在 1725 年至 1734 年间，他在这艘船上找到了 1500 块银锭，并获得了其中的 350 块。不过，这种潜水工具依然还是有些原始，并没有真正的突破，一直到 19 世纪，奥古斯塔斯·舍比（Augustus Siebe）发明了“标准潜水服”，成了全世界通用的潜水服标准。这种潜水服出现在丁丁系列漫画之《红色拉克姆的宝藏》（*Le Trésor de Rackham le Rouge*）中，它的不便之处在于它需要与水面之上相连接，以便潜水员能够呼吸到空气，所以，这就是为什么人们还在继续努力研究，争取攻克最终的难关——自主潜水服。

除了莱昂纳多·达·芬奇在他的手稿中绘制的装有管道的面具外，弗里米内（Freminet）是这一领域的先驱，他在 1772 年发明的水压机使他能潜至水下 17 米的深度。库斯托导演在其拍摄的影片《寂静的世界》中，呈现了一张 1784 年的画作，画中是弗里米内在潜水，导演通过这种方式向他的水下前辈致敬。但是在库斯托之前，贝努瓦·卢库埃罗（Benoît Rouquayrol）已经发明了压缩空气罐。这种空气罐最初是为矿山设计的，目的是在发生瓦斯爆炸时方便营救，后来人们将其应用到海洋环境中，并于 1865 年获得帝国海军的正式批准。埃米尔·加格南（Émile Gagnan）和“三个海上火枪手小组”——菲利普·泰莱芝（Philippe Tailliez）、雅克-伊夫·库斯托（Jacques-Yves Cousteau）、弗雷德里克·杜马（Frédéric Dumas）——以及伊夫·勒普里尔（Yves Le Prieur）的发明都是受到了空气压缩罐的启发：20 世纪下半叶，水肺潜水成为现实。但是，要想前往海渊，人类很快就感觉到了自己在压力面前所能承受的极限：100 米的深度在今天仍然是一个难以超越的极限。COMEX 公司（一家水下工程公司）的创始人亨利-热尔曼·德劳兹（Henri-Germain Delauze）找到了一种方法，通过使用潜水室，尽可能地提高潜水员的作业能力，让他们在水下停留的时间更长——1988 年，他的六名手下在海下 520 到 534 米的深度间连续工作了六天，但海渊仍然很遥远。

最后，潜水钟形状又出现在人们的视野中——人们终于又发现这种形式的优点。20 世纪 30 年代初，威廉·毕比（William Beebe）和奥蒂尔斯·巴顿（Otils Barton）在百慕大海域测试了他们的潜水球。他们制作的潜水球直径 1.45 米，厚 3 厘米，材质为钢，钢球上设有三个舷窗，并且悬挂在一根 1200 米长的电缆上。他们用一罐碱石灰吸收呼出的二氧化碳，另一罐氯化钙吸收水分，在 1930 年至 1934 年间共下潜了 33 次，其中一次下潜到海下 908 米的深度。毕比甚至与 NBC 电视台进行了第一次的深海无线电直播，描述了海洋中的生物和海底 500 米以下完全黑暗

※ 威廉·毕比在他的潜水球中（20 世纪初）。

的海域。二战结束后的 1948 年，奥蒂尔斯・巴顿又制作了深海潜水球，下降到了海底 1358 米的深度，但此时，潜水球已经前往了更远的地方。

这件事情和《丁丁历险记》中的向日葵教授的原型奥古斯特・皮卡德（Auguste Piccard）还有点关系，而且最初这位教授想着的是探索太空。1933 年，皮卡德在芝加哥展出他的平流层机舱的时候，他发现了毕比的潜水球，受到了启发，决定转而探索深海。在法国海军的支持下，皮卡德以及他的“FNRS Ⅱ 潜水球”开始海底探险。1948 年 11 月 2 日，皮卡德与西奥多・莫诺一起下降到了海底 1380 米的深处。1953 年 8 月 14 日，“FNRS Ⅲ潜水球”第一次下水，里面乘坐的是海军指挥官乔治・侯特（Georges Houot）和皮埃尔・威廉（Pierre Willem），他们在土伦附近的海域下潜到海底 2100 米的深处。1954 年 2 月 15 日，他们又下潜到了 4050 米的深处。他们是第一批到达海底这一深度的人类，他们发现海底既不均匀也不平坦，而且栖息着各种各样的物种。同时，皮卡德发起了一个意大利－瑞士联合投资的项目，1953 年 8 月 30 日，“的里雅斯特号”下潜至海底 3150 米，可惜这一项目后来因资金不足而被搁置。美国的加入再一次振兴了深海探索的事业，如果说苏联是太空第一国的话，那么美国就是深海第一国。1958 年，美国购买了“的里雅斯特号”，注资建造了新的版本，1960 年 1 月 23 日，这艘新的“的里雅斯特号”载着奥古斯特・皮卡德的儿子雅克・皮卡德（Jacques Piccard），还有唐・沃尔什（Don Walsh）到达了马里亚纳海沟的底部，深度达 10916 米，在这个每平方米压力超过一吨的世界里，他们观察到了生命的蓬勃发展。1962 年，“FNRS Ⅲ潜水球”的继任者“阿基米德号”下潜到了海底 9545 米的深度，不过，此时已经有新的探测设备出现，因为人们希望开发出更具有可操作性的装备。

微型潜艇又称袖珍潜艇，由轻质材料制成，特别是金属钛，很快成了抢手的设备。由于它们的运输相对方便，因此可以采集深海的样品，此前人们使用的渔网只能拖拽粉碎或者被压碎的物种样本。目前，世界上掌握大深度载人深潜技术的国家共有五个：1964年美国的“阿尔文号”（Alvin），1984年法国的“鹦鹉螺号”（Nautile），1987年俄罗斯的“米尔一号”和“米尔二号”（Mir Ⅰ，Mir Ⅱ），1990年日本的“新海号”（Shinkai），以及2010年中国的“蛟龙号”。所有这些载人潜水球都能抵达超过6000米的深度，并看到那里的情况。

首先，是地势的高低起伏。1977年，玛丽·萨普（Marie Thorp）绘制的世界海底地形图显示，一条长达60000千米的巨大山脉（即大西洋洋中脊）在海底蜿蜒前行。我们越来越意识到，海底的世界是多种多样的，那里由点缀着古代火山的大平原、大陆边缘、峡谷、山脉和海沟组成，我们必须亲自到那里去测量、绘制和了解。

1977年2月17日，“阿尔文号”下潜2500米，抵达加拉帕戈斯山脊，在一片黑雾和热液喷口附近发现了生命的绿洲。人类世界震惊了，以至于船上的地质学家和生物学家都将这个地方称为“伊甸园”。此后，各项探索活动一个接一个，按照摄影顺序排列。迄今为止，印度洋、南大西洋、北冰洋和南大洋的海脊只被轻轻掠过，海渊平原仍鲜为人知，热液场所也尚未向人类展露出它的全部秘密。不过，我们至少知道了，深海动物群有着在极端温度下、在被认为是有毒的环境中、在异常压力下生活的非凡能力。这种能力来自这些物种的特殊性，它们身体中的骨骼或软骨含量都很少，体液和细胞液与外界压力处于平衡状态，例如，硬骨鱼会根据压力的变化比例而分泌气体。

恰恰是这个深度参数，在很大程度上解释了不同类型的生物能够在海渊中繁衍生息的原因。海底从200到1000米的区间是中层区，又称暮光区，在这里生活着很多海洋食肉动物——比如枪乌贼和鲨鱼——的捕食对象。然后，从海底1000到4000米，被称为半深海带，这个区域一片黑暗，大量的生物发光物种生活在这里，而深海平原就主要是以有机沉积物为食的细菌和生物的家园。这个世界生活

※ 西太平洋马里亚纳海沟阿依弗库（Eifuku）海底山喷射高浓度二氧化碳的热液源。

在慢动作中，因为只有这样生命才能抵抗寒冷和食物的匮乏，只有当其他生物的尸体漂到它们身边时，它们才会从昏昏欲睡中清醒过来，吃上一口，进行能量储备——90% 的鲸鱼死后都会跌落入海渊中，它们的尸体能够为深海动物提供几十年的食物。在海底 10000 米以下，超深渊区依然不为人们所认识。对了，别忘了，深海可不是什么单调无趣的地方，这里的热液喷口是依靠化学合成而得以生存的生物们的家园。

总而言之，今天人类的挑战是超越我们已经收集和拍摄到的大量海底照片本身，更好地理解这些种群随着时间发生的演变。人类通常使用的各种标志重捕法技术（标志重捕法指的是在一定范围内，对活动能力强、活动范围较大的动物种群进行粗略估算的一种生物统计方法，是根据自由活动的生物在一定区域内被调查数与自然个体数的比例关系，从而对自然个体总数进行数学推断）在海渊内并不有效，尽管我们已经开始识别出某些特征，如某些物种的缓慢生长速度和它们的长寿，比如皇帝鱼，这种鱼的预期寿命估计在 77 岁至 149 岁之间。这就是为什么人类在 21 世纪初启动了名为“海洋生物普查”的计划，据预计，海渊中可能存在 1000 万到 3000 万个新物种，而通过这一计划，我们已经找到了 6000 个。

这项工作的工作量是巨大的。人类只勘测了构成海底的 3 亿平方千米面积中的几十平方千米，考察过的海底山脉还不到总数的 10%，只有不到 5% 的海底被测绘过。不过，今天人类有了很棒的帮手。我们利用一系列传感器连续记录海洋数据，结果表明，深海水域受到深层洋流的干扰，从海底 1000 米往下，海水温度稳定在 2 摄氏度到 4 摄氏度左右。我们对海底的勘测还要依靠 ROV 和 AUV，这些 20 世纪 80 年代出现的水下机器人，将深刻地改变人类的深渊勘探的性质。ROV 是在军事背景下被研发出来的，通过电缆与船体相连——CURV Ⅲ是遥控机器人的第一台原型机，1966 年 1 月 17 日，它在地中海的 B52 事故后回收了一枚热核弹，从而证

DCN
nautile
Ifremer
Ifremer
nautile
Ifremer

明了它的价值——在被用于科学研究任务之前，它曾在近海石油工业中发挥重要作用。如今，法国海洋开发研究院研发的“胜利 6000 号”可以在 6000 米的水下潜行三天，此前，“鹦鹉螺号”只能潜水八小时，其中只有四小时在深水区，这样，人类对海渊探索的可能性倍增。还有 AUV，这是一种真正的水下无人机，它的考察范围能够覆盖相当长的距离，因此能够观察海底地形并绘制海底地图。这种技术上的飞跃为科学探索带来了希望，但它也有其阴暗的一面，因为私人公司同样可以轻易地获得这种设备。2011 年，专门打捞沉船的奥德赛探险家公司的一次作业给我们提供了一个案例。该公司赢得了英国交通部对一艘英国货轮的打捞投标，这艘货轮的货舱里装满了 120 吨白银，该公司利用他们的 ROV，切割了沉船的金属板，提取了 2792 锭白银，总价值高达 8000 万美元，并在海底留下了一片残骸废墟。然而，这些沉船是圣殿一样的存在，是人类记忆的宝库。正是通过它们，我们能够逐渐重建人类海洋文明的历史。据教科文组织统计，海底沉船的数量大约有 300 万，如今它们很可能会被从地图上抹去，人类将亲手毁掉自己历史的一部分。对于深渊动物群来说，人类活动带来的风险也是巨大的，研究人员认为，深渊动物群也许可以填补进化过程中缺失的一环，在几次生物大灭绝的过程中，稳定又偏远的海渊成了这些动物的庇护所。如果考虑不周，过快地开发海渊，可能会使我们在还没有认识这些深渊动物之前，就让这些能揭开我们起源之谜的元素彻底消失。

※ P248：“鹦鹉螺号”是法国海洋研究所设计的一艘载人潜水艇，用于在海底 6000 米的深处进行观察和干预。

※ P250—251：单细胞生物和浮游生物幼虫。这些浮游生物是在塔拉考察期间采集的。

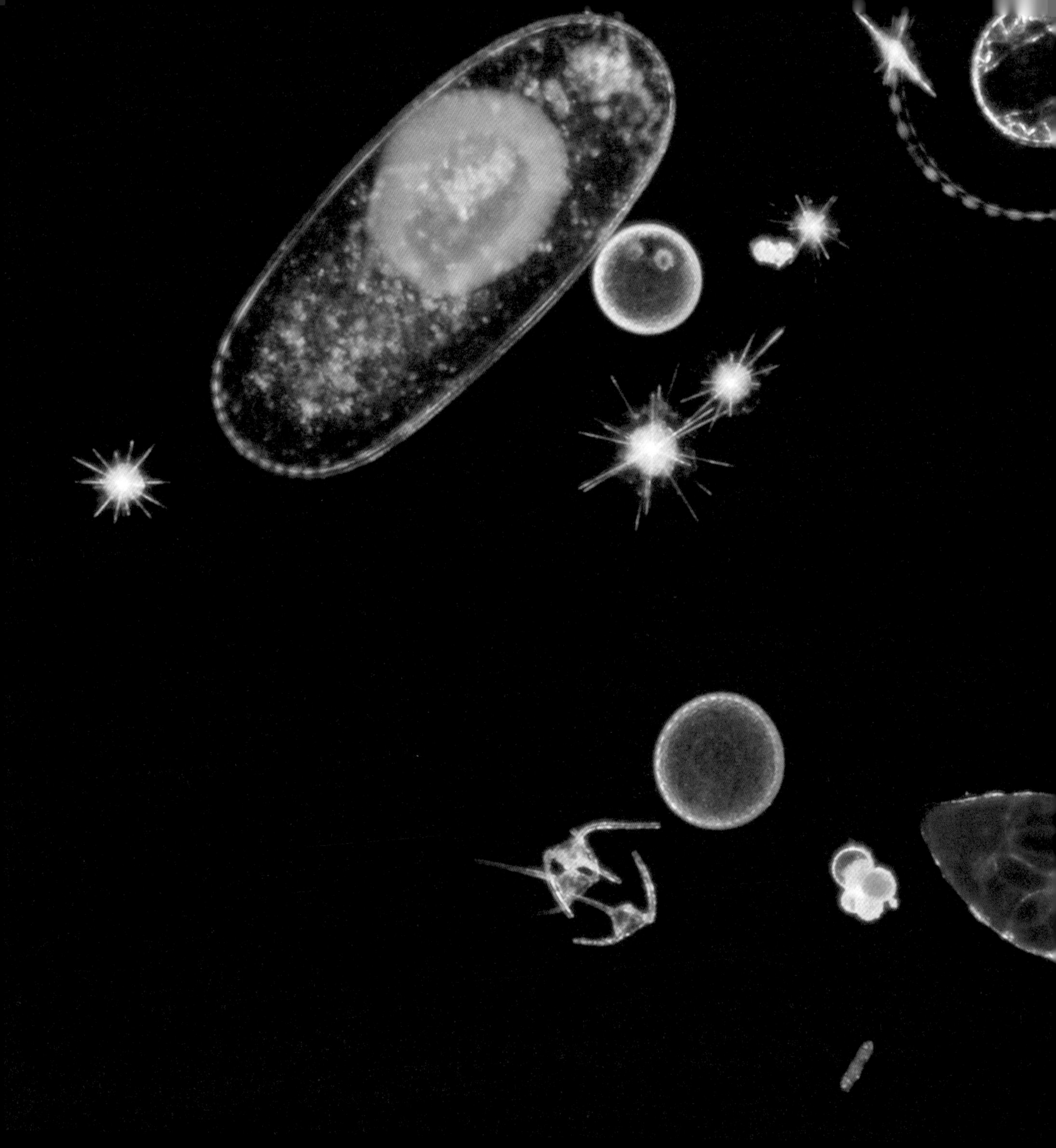

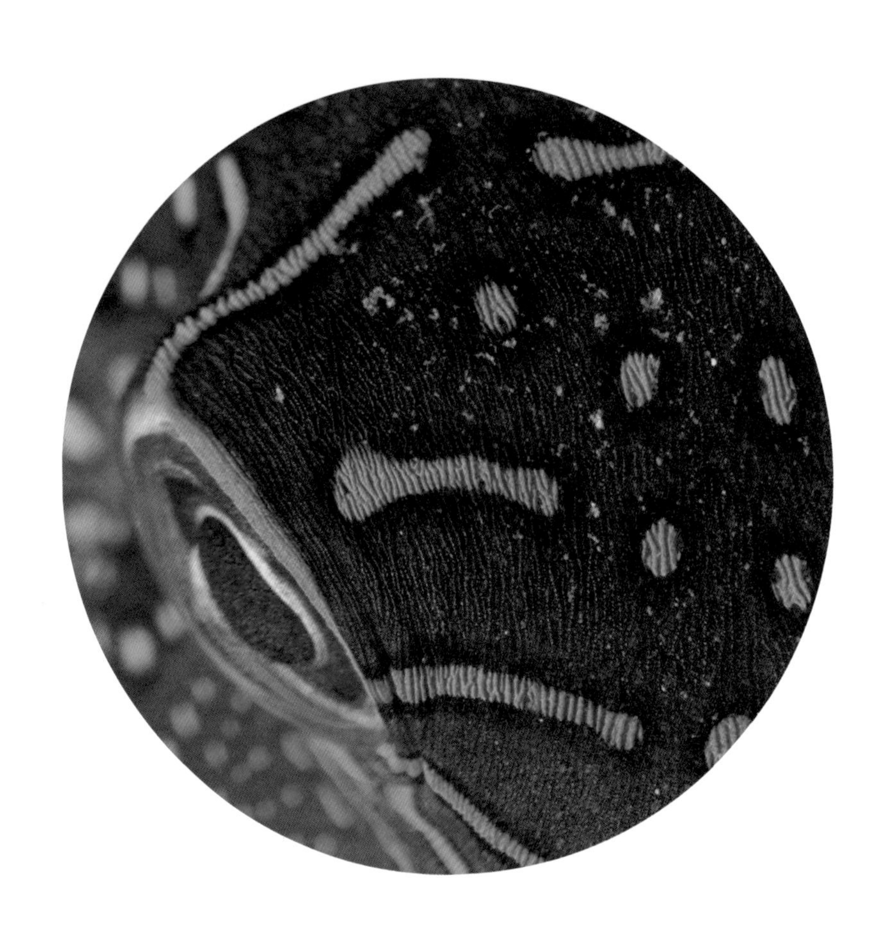

※ “气球鱼”的头部细节，长有斑点的尖鼻鲀。摩尔雷亚的潟湖，法属波利尼西亚。

结　论

人类是从海洋里诞生的，但我们已经失去了这段记忆。找回这段记忆，让我们的陆地世界和海洋世界合二为一是当务之急。海渊的全貌在我们面前徐徐展开，它像是一面镜子，而不仅仅是一份单纯的邀请函。海渊让我们不得不思考如何面对它的问题：是把它当作一个遥远的海洋西部世界，一个新的疆域去征服，还是带着好奇心和惊叹，甚至有些惶恐，将它看作长久以来人类都未能踏入的圣地？

在海渊里，我们一定会发现财富：开采海底矿山，通过基因工程开发海洋动植物，还有装满了宝藏的沉船……在海底深处，我们或许不会发现美人鱼、利维坦、那伽，也不会找到耶梦加得，但也许从那里出发，我们会对我们的起源和生命有更好的理解。我们将通过什么样的方式来探索海渊这片未知的领域，这是我们需要思考的问题。是以陆地人的方式？还是以海洋人的方式？为什么不两者兼顾呢？这个问题是值得我们思考的，因为这种对海底的探索，以及必然随之而来的开采，将不会由人类直接进行。它将通过对人类的化身——机器人——的远程指挥在海底进行。的确，ROV 和 AUV 机器人遍布全世界的海域，而人类正逐渐从海洋中撤离。甚至，在无人驾驶的船只被不断开发出来的情况下，水手们发现自己的地位也快被机器取代了。有朝一日，是否人类唯一还会进行的海上运动就是离岸帆船竞赛，人们通过这种方式，来回顾曾经的历史，追忆人类乘风破浪的记忆？如果真是这样，我们就会失去人类的特殊性，这种特殊性来源于船上的日常生活和扬帆远航的经验，人们可以将这些经验和其他经验相比较，从而打开新的视野。

海洋，它本身的运动，它让人类得以发现的土地，以及它把人们聚集在一起的事实，正是无数发现和科学进步的起源。下面，我们举两个例子，这两个在海上诞生的理论的例子，彻底改变了我们对人和地球的看法。

首先是进化论。1831 年，22 岁的达尔文登上“小猎犬号”，进行了长达五年的航行。在他的航海笔记《博物学家的环球旅行》一书中，他强调了他在加拉帕戈斯群岛期间的考察对他的进化论的构建是多么的重要。在那里，达尔文对陆生和水生鬣蜥、巨型海龟和众多鸟类的观察，对他的思考或至少是对他提出的问题做出了决定性的贡献：“我从来没有想到，相距约 80 千米或 96 千米的两个岛屿——它们几乎都在彼此的视线范围内，由完全相同的岩石形成，位于绝对相似的气候中，海拔高度也几乎一样——上面生活着完全不同的动物。”就是这样。这是达尔文唯一的一次出国旅行，他用余生的时间从他的观察中学习，在 1859 年，也就是 20 多年后，他出版了《自然选择的物种起源》。神创论遭到了质疑，人类进入了达尔文主义时代。

另一个例子是大陆漂移理论，它诞生于魏格纳三次在格陵兰岛停留期间对浮冰的错位和漂移的观察。1915 年，他出版了《海陆的起源》，书中阐述了大陆漂移理论，但在取得一定的成功后，他的设想最终被地质学家们丢在了一旁，因为魏格纳不够权威——他是一名气象学家。然而，在 1960 年，随着海底扩张理论的提出，大陆漂移理论又重新恢复了生机，根据这一理论，静态的大陆被置于海洋传送带上，这就是所谓的板块构造学。

关于海洋的知识和技巧，今天的水手们似乎更愿意与陆地上的人们共享，而陆地人也在一步步走向海洋，以某种方式与过去重新联系。我们记得，随着沙漠和疏林草原的蔓延，人类逐渐被推向沿海地区，从公元前的10万年开始，出现了越来越多的沿海居民点。这些遗址被上升的海水吞噬，使我们的星球有了现在的格局，随后人类向内陆移动，我们放牧和耕种，离海越来越远，身体上和精神上都远离了海，直到我们成了纯粹的陆上人。现在，这一现象已经发生了逆转，人类的活动范围正以世界城市化的步伐回归沿海、海岸线。自2007年以来，大多数人类——到了2030年，每十人中就会有六人—— 一直生活在海边城镇，远离内陆耕地。

这种分离是不可避免的，陆地居民逐渐重新发现了大海。人们现在已经很了解海洋能带来的乐趣——沐浴、美食、驾船游玩、巡航远游，以及海洋可能带来的危险，比如2004年席卷印度洋的海啸或2010年席卷欧洲沿海的辛西娅风暴。也许最重要的是，人类对海洋充满了好奇，我们经常去水族馆、博物馆，看这方面的书或电影。我们还重新认识了水手，对于那些以海为生的“怪人”，陆地人远没有以前那么恐惧了，而是对他们充满了好奇。可能是因为这些生活在海洋上的人在一定程度上实现了我们的梦想，他们是冒险家神话的幻影，是我们这个世界最后的自由人民。

这两个世界的相遇在今天看来是有可能的，航海者只需要成为一名侦察员，而陆地人则需要向这个新世界敞开大门。这些事情写起来可能比做起来更容易，航海者必须让陆地人试图理解海洋——这个他一直想保密的后花园，而陆地人则必须接受用不同的方式来认识事物，就像米歇尔·塞尔（Michel Serres）所说的那样“模糊地思考”。因此，这次会面不是事先写好的，但两条路一定会有交集，陆地人和海洋人最终会抵达同一个十字路口。他们到底是会携手共同前进，还是选择继续走自己的路呢？没有什么是确定的，只除了一点——我们这片土地的未来在很大程度上将被我们的选择所左右。

※ P257：水下的排雷潜水员配备了循环呼吸器——一种精密的水肺潜水器。

插图版权

© 托马斯·维格诺德(Thomas Vignaud)/ 法国国家科学研究中心(CNRS)图片库

© Fotolia 网站 / 用户名：robert

© Fotolia 网站 / 用户名：leningrad1975

© 科学图片库(Science Photo Library)/ 伯恩哈德·埃德迈尔(Bernhard Edmaier)/ Biosphoto 网站

© 克里斯蒂安·萨德(Christian Sardet)/ 塔拉(Tara)海洋探险 / CNRS 图片库

© 安托万·切内(Antoine Chene)/ CNRS 图片库

© 罗兰·格里尔(Roland Graille)/ CNRS 图片库

© 国家海事博物馆 /A. 福克斯(A. Fux)

© 盖·布歇(Guy Boucher)/ CNRS 图片库

盖蒂图片社(Getty Images)/ 加洛图片社(Gallo Images)/ 丹妮塔·德利蒙特(Danita Delimont)

© 克里斯蒂安·萨德 / 塔拉海洋探险 / CNRS 图片库

© Godong 网站 / Leemage 网站

© SuperStock 网站 / Leemage 网站

ACC 协会"雷纳德号"

© DeAgostini 网站 / Leemage 网站

Actes Sud 出版集团旗下 Errance 出版公司 / J.-C. 高尔文(J.-C. Golvin)

© 国家海事博物馆

© 大英图书馆委员会 / Leemage 网站

© 法国国家图书馆

© 大英图书馆

© Costa 网站 / Leemage 网站

© PrismaArchivo 网站 / Leemage 网站

© Josse 图片网站 / Leemage 网站

© 霍尔本档案馆（Holborn Archive）/ Leemage 网站

© 路易莎・里恰里亚尼（Luisa Ricciarini）/ Leemage 网站

© Josse 图片网站 / Leemage 网站

© 艺术图片网（FineArtImages）/ Leemage 网站

© 坎特伯雷博物馆

© AKG 图片网站

© Bianchetti 网站 / Leemage 网站

© 李（Lee）/ Leemage 网站

© 北风图片（North Wind Pictures）/ Leemage 图片

© 塞巴斯蒂安・莫特里（Sébastien Motreuil）/ CNRS 图片库

© 美国国家航空航天局（NASA）

© 埃尔万・阿米斯（Erwan Amice）/ CNRS 图片库

© Selva 网站 / Leemage 网站

© 2006 年海底火环探测计划，NOAA 海洋探测计划和 NOAA 喷口探测计划

吉尔・查索（Gilles Chazot）

© 法国海军 / CEllule 人类潜水和干预海洋活动（Cephismer）

地图由帕特里克・高（Patrick Gau）绘制。

[法] 西里尔 · P. 库坦塞

海军战略研究中心（CESM）的研究主任，著有《海上帝国地图集》（2013 年，获得海军学院奖章）、《地球是蓝色的》（2015 年出版）以及《海洋帝国：法国海事历史地图集》（2015 年，获得儒勒 · 凡尔纳大奖）。

藏在水里的世界史

作者 _ [法] 西里尔・P. 库坦塞　　译者 _ 孙佳雯

产品经理 _ 黄迪音　　装帧设计 _ 吴偲靓　　产品总监 _ 李佳婕
技术编辑 _ 顾逸飞　　责任印制 _ 刘世乐　　出品人 _ 许文婷

果麦
www.guomai.cn

以 微 小 的 力 量 推 动 文 明

图书在版编目（CIP）数据

藏在水里的世界史 /（法）西里尔 · P.库坦塞著；孙佳雯译. -- 上海：上海科学技术文献出版社, 2023
ISBN 978-7-5439-8824-8

Ⅰ. ①藏… Ⅱ. ①西… ②孙… Ⅲ. ①海洋学－普及读物 Ⅳ. ①P7-49

中国国家版本馆CIP数据核字（2023）第077673号

Originally published in France as:
Les hommes et la mer by Cyrille P. Coutansais

图字：09-2022-0888

责任编辑：苏密娅
封面设计：吴偲靓

藏在水里的世界史
CANG ZAI SHUILI DE SHIJIESHI
[法] 西里尔 · P. 库坦塞 著 孙佳雯 译
出版发行：上海科学技术文献出版社
地 址：上海市长乐路 746 号
邮政编码：200040
经 销：全国新华书店
印 刷：天津市豪迈印务有限公司
开 本：889mm × 1280mm 1/24
印 张：11.25
字 数：209 千字
印 数：1-7, 000
版 次：2023 年 5 月第 1 版 2023 年 5 月第 1 次印刷
书 号：ISBN 978-7-5439-8824-8
定 价：118.00 元
http://www.sstlp.com